フランスの環境都市を読む

地球環境を都市計画から考える

和田幸信

鹿島出版会

はじめに

筆者は二〇年以上もフランスの歴史的環境や景観の保全に関する研究を続けてきた。その話をすると、「日本との比較をしないのですか」と聞かれることがたびたびある。これには、フランスでは観光地でもない一般の市でも、戦前はもとより一九世紀以前の街並みが残されていることは決して珍しくなく、比較をするには建物や都市構造が違いすぎると答えることにしていた。

しかし、このような考えを改めるようになったのは、永年調査をしてきたフランス中央部のディジョン市で路面電車(トラム)を二路線つくると聞いたときである。トラムの利用によりクルマへの依存を低くし、クルマの排出する二酸化炭素を少なくすることで、地球温暖化に対処するというのが、トラム導入の論理であるという。

ディジョン市は、筆者の住む栃木県足利市とほぼ同規模の人口一六万人弱の地方都市である。足利市には、公共交通といえばトラムどころか民間の路線バスもなく、わずかに市が運行する生活路線バスが数路線ほそぼそと走っているだけである。生活はクルマなしには考えられないが、それでもクルマへの依存を低くしようというような議論をこれまで聞いたことはない。このようなディジョン市と足利市の公共交通の差は、どうして生じたのだろうか。こう考えたとき、その原因が日仏の都市計画の違いにあることに気づいた。

このように同じ人口規模の都市でも、人口が密集しているかあるいは拡散しているかという都市形態により交通手段は大きく異なってくる。同じ人口一五万人の都市でも、市街地が稠密に形成されているならトラムもバスも利用できるが、拡散しているならクルマに頼らざるを得ない。そしてこのような都市形態を決めるのは都市計画、何よりも法的な拘束力のある法定都市計画の制度である。足利市とディジョン市では、中心市街地については歴史的な形成過程が異なるので単純な比較はできないにせよ、周囲や郊外は両国の都市計画制度にもとづき近年形成された地域である。したがって日本とフランスの都市計画制度の差が、都市形態さらには公共交通の違いとなって顕在化しているわけである。

このような公共交通や土地利用ほど目立たないが、日本とフランスの都市計画で大きく異なるのは環境問題への対応である。

ヨーロッパでは北欧の国々、あるいはドイツやオランダなどで環境への関心が高いことが知られていた。ところがフランスでも二〇〇〇年に「連帯都市再生法」が制定され、都市計画における大転換が行われた。この法律により法定都市計画として、広域のマスタープランである「広域統合基本計画」と市町村の都市計画である「地域都市計画プラン」が制度化された。そして両者において都市計画の基本理念を表す「持続可能な開発整備構想」という名称の文書を作成することを義務づけるとともに、クルマの抑制と公共交通の促進、市街地の郊外への拡張の抑制と自然や農村部の保全、生物多様性の保全などが都市計画の目的とされた。その後も立て続けに環境保護の制度が作成され、都市計画の文書に取り入れられている。すでに述べたように、ディジョン市のトラムの導入もこのような環境保護を目指す都市計画の一環として行われた。

環境問題が地球規模での課題となり、ヨーロッパ各国では都市のあり方そのものを変えようと、多様なレベルで取り組みが進んでいる。そうした動きの中で、本書は、環境保護の観点から見たフランスの法定都市計画の制度と実際の運用を紹介する。日本でも、一九九七年の京都議定書を大きな契機として、地球環境問題への取り組みが進んではきている。とはいえ制度の運用から意識レベルに至るまで、まだまだ立ち後れていると感じることも多く、特に都市計画に関しては、役所やコンサルタントの文書で「持続可能な」あるいは「地球環境への配慮」などというような用語が用いられているものの、有効な取り組みは行われていないのが実情である。三・一一も経験した我々は、もういちど都市のあり方を見直し、自然環境といかに共存し、都市生活を行っていくのか、そのための都市計画のあり方を真剣に考える時期に来ているだろう。その思考の一助となることを期待して、本書を世に問う次第である。

フランスでは環境についての法律や政令が毎年のように出され、その都度都市計画に関する制度の改正や名称の変更が行われる。そこで本書では原則として2012年末を基準年としたが、適宜その後の変更点も加えた。また読者の便宜を考えて、本書で言及することの多いフランスの都市計画に関する主要な制度、文書、用語とこれらの訳語について最初に記すことにする。

<table>
<tr><td rowspan="3">都市計画に関する制度と文書</td><td>・連帯都市再生法(SRU法、Loi relative à la Solidarité et au Renouvellement Urbain)</td></tr>
<tr><td>・広域統合基本計画(SCOT, Schéma de Cohérence Territoriale)
――説明書(Rapport de présentation)
――持続可能な開発整備構想(PADD, Projet d'Aménegement et de Développement Durable)
――総合方針文書(DOG, Document d'Orientations Générales. この文書はその後、「目的方針文書」DOO, Document d'Orientations d'Objectifs と名称が変わる。効力に変更はない)</td></tr>
<tr><td>・地域都市計画プラン(PLU, Plan Local d'Urbanisme)
――説明書(Rapport de présentation)
――持続可能な開発整備構想(PADD, Projet d'Aménegement et de Développement Durable)
――規定文書(Règlement)
――ゾーニング用図面(Zonage, document graphique)
――整備計画化方針(OAP, Orientation d'Aménagement et de Programmation. OAPは以前の「整備方針」OA, Orientation d'Aménagementに置き換わり、必須の文書とされる)
――付録(Annexes)</td></tr>
<tr><td rowspan="5">交通についての文書と用語</td><td>・国内交通基本法(LOTI, Loi d'Orientation des Trasports Intérieurs)</td></tr>
<tr><td>・大気とエネルギー効率的利用法(LAURE, Loi sur l'Air et l'Utilisation Rationnelle de l'Energie)</td></tr>
<tr><td>・都市交通計画(PDU, Plan de Déplacements Urbains)</td></tr>
<tr><td>・専用軌道公共交通(TCSP, Transport en Commun en Site Propre)</td></tr>
<tr><td>・道路の使い分け(partage de voirie)</td></tr>
<tr><td>住宅に関する文書</td><td>・地域住宅プログラム(PLH, Programme Local de l'Habitat)</td></tr>
<tr><td rowspan="3">環境に関する制度や用語</td><td>・環境グルネル法、環境グルネル法 2(Loi Grenelle de l'Environnement, Grenelle 2)</td></tr>
<tr><td>・地域気候変動エネルギー計画(PCET, Plan de Climat Energie Territorial)</td></tr>
<tr><td>・低エネルギー消費建築物(BBC, Bâtiment Basse Consommation)</td></tr>
</table>

フランスの環境都市を読む　地球環境を都市計画から考える　目次

第一章　「クルマを減らす」と宣言した国

1

パリの風景を変えた自転車と路面電車《トラム》

日本では、五年も経てば街並みは大きく変わる。ところがフランスの街はいつでも同じ佇まいを見せ、戦前はもとより一九世紀以前に建てられた街並みも当たり前のように残されている。筆者は二〇年以上も前にパリに住んでいたが、当時住んでいた街を今訪れてみても以前と同じ風景がそのまま迎えてくれ、これを原風景と呼ぶのかと思ったりする。

このようなパリの街で、近年大きな変化が見られる。それはヴェリーヴと呼ばれるパリ市が提供している貸し自転車の制度ができたことで、街を少しでも歩くと貸し自転車が並ぶステーションを目にする。二〇〇七年に運用開始以来、着実に増え続け、現在七五〇か所に一万台も貸し自転車があるのだから、目立つのも当然である。パリではヴェリーヴの増加と歩調を合わせて自転車専用道の整備が進められてきたので、自転車を借りても安心して走り回ることができ、街角でヴェリーヴに乗る人を見かけることも稀ではない。ドラノエ市長の努力もあり、自転車道が三五〇キロも整備された。

ちなみにフランスでも日本と同様、自転車は歩道ではなく車道を走ることになっており、車道を自転車が走り回るなら車と競合して危険である。そのためフランスでは、二種類の自転車道が敷設されている。ひとつは専用自転車道（piste

［左］パリの貸し自転車、ヴェリーヴ。
［次頁右］ディジョン市の貸し自転車、ヴェロディと専用自転車道。ヴェロディが専用自転車道の側に置かれている。
［次頁左］ディジョン市の併用自転車道。歩道が狭い場合には、道路に併用自転車道を設置する。

cyclable）で、歩道を歩行者用と自転車道に区分して設置する方式であり、車道から一段高くなっているため安全性は高い。もうひとつは併用自転車道（bande cyclable）であり、車道の外寄りに白線が引かれ、クルマの通る部分から区分されている。当然、前者の専用自転車道の方が段差によりクルマから分離されているので望ましいが、歩道が狭い場合には次善の策として、後者のように車道と区分して併用自転車道を確保している。日本でも最近自転車の愛好者が増え、ロードバイクあるいはクロスバイクと呼ばれる自転車を都会で乗り回す人も多いが、専用の自転車道がまだまだ少ないため、事故も多いようである。

ヴェリーヴほど目立たないが、パリの街でもうひとつ変わったのは路面電車《トラム》の建設である。トラムは、もともとT1と呼ばれる路線が一九九二年にパリ郊外の北東部に、続いてT2が西部に建設され、パリ市の外側を走っていた。これに対し二〇〇六年に運行を開始したT3は、パリ市南部の外周部に沿って計画され、パリ市内を走るトラムとなっている。このT3はシテ・ユニヴェルジテの駅でメトロと接続している。シテ・ユニヴェルジテにはパリに留学する学生のため、日本をはじめ多くの国々が宿舎を建てており、ル・コルビュジエの傑作として知られているスイス館もここにある。筆者もここで初めてトラムに出会ったが、このT3は路線上で多くのメトロに乗り換えることができるため観光客の利用も多いと聞く。ちなみにパリのトラムは写真に見るように流線型で、外観の色彩も明るく、周

囲の落ち着いた色調のパリの街並みの中でひときわ目立つ存在になっている。
貸し自転車のヴェリーヴとトラムは、実は同じ目的で計画されたものである。両者はクルマに依存しない交通手段、つまりクルマの出す二酸化炭素を抑制し地球温暖化に対処する方策、すなわち持続可能な交通手段としてフランスでは考えられているのである。

道路の使い分け、そして本来のモーダルシフト

持続可能な交通手段という観点からフランスの交通計画を考えるとき、ふたつのキーワードが浮かび上がる。ひとつは「道路の使い分け」(partage de voirie)であり、もうひとつは「モーダルシフト」(modal shift)である。

道路の使い分けとは、道路をクルマだけでなく多様な交通手段のために区分して利用するという考え方である。パリのトラムでは、トラムの軌道の両側にクルマ用の道路、自転車道、歩行者路などを設けているのがこの例であり、これはフランスの多くの都市で見られる。日本では、道路と聞いて思い浮かべるのはクルマであり、せいぜい歩道を設置するかどうかが問題になるくらいである。しかしフランスでは道路を区分利用することにより多様な交通手段(mulri modale)が用意さ

パリの南部を走るトラム、T3線。

[次頁右]ディジョン市における道路の使い分け。中央をトラム、その両側をクルマ、分離された道路に自転車道と歩道が設置されている。
[次頁左]ディジョン市の中心市街地の歩行者路。ディジョン市の中心市街地には多くの歩行者専用路がある。

れ、市民がクルマ以外の交通手段を選択することができる。いくら温暖化対策としてクルマの利用を規制しようとしても、クルマに代わる移動方法がないなら、クルマに依存せざるを得ない。そのため道路の使い分けは、クルマに代わる交通手段を提供するうえで欠かせない方法である。この多様な交通手段の中でも、持続可能性という点で重視されているのが、次に述べる公共交通専用軌道（TCSP）という考え方である。これは専用のバスレーンなど公共交通専用の通路をもつ交通のことで、当然トラムもこの範疇に入る。専用のレーンをもつなら、クルマと競合せずに走れるため移動速度は速くなる。

一方のモーダルシフトについてはまだ共通認識がないようであるが、「より二酸化炭素の排出量の少ない交通手段に移行すること」が最も一般的な理解の仕方ではないかと思う。すなわち、クルマから公共交通、自転車などの移動手段に移行するものである。ちなみに日本の行政では、この言葉は貨物輸送をトラックから鉄道や船など、より二酸化炭素排出量の少ない運搬手段に移行することの意味で用いている。しかしこのような理解は国際的には例外的で、フランスをはじめヨーロッパの環境先進国では、個人レベルの移動手段を考えるうえで二酸化炭素の排出量を減らすことをモーダルシフトと認識している。

「クルマを減らす」と宣言――都市交通計画(PDU)

フランスでは一九八二年に「国内交通基本法(LOTI)」が制定され、国民の移動する権利を保障する交通権が認められた。これはクルマを買えない、あるいは高齢者などクルマに乗れない人々の移動の権利を保障するもので、この法律によりフランス各地の都市で公共交通を促進させることになった。国内交通基本法のもうひとつの大きな意義は、地域の交通整備の指針となる文書として「都市交通計画(PDU)」を制度化したことである。

当初、都市交通計画(PDU)の作成は任意とされたものの、一九九六年の「大気・エネルギー効率利用法(LAURE)」により、人口一〇万人以上の都市圏に対して作成が義務づけられた。大気やエネルギーの入ったこの法律の名称からわかるように、PDUの役割のひとつはクルマの利用を抑制することで大気汚染に対処するとともに、二酸化炭素の排出量を削減して地球温暖化を防ぐことである。その後PDUは、二〇〇〇年の連帯都市再生法の第三部「持続可能な開発に寄与する交通政策の実施」において、都市計画の一環として位置づけられるようになる。こうしてPDUは国民の交通権を保証するとともに、クルマへの依存を少なくして持続可能な環境を維持するための交通政策を提示する文書となった。

日本ではPDUのような文書がないこともあり、都市計画と交通計画を一体的に考えることはない。フランスの例は、都市整備において交通問題を都市計画の一環として位置づけることの意義を示すとともに、クルマに依存しない地域づくりをすすめるうえでも参考になる。それは二酸化炭素の排出を抑制することで地球環境の保全に役立つだけでなく、今後迎える超高齢化社会における高齢者のモビリティを確保するうえでも重要である。

ＰＤＵの内容は、現在では交通法典L.1214-2（Lは法律を表す）により一一項目が定められている。まず第一項で、「交通と環境や健康との間で持続可能な調和を維持する」と述べられ、交通が単なる移動だけの問題でなく、大気汚染による健康へのリスク、あるいはクルマの排出する二酸化炭素による地球温暖化など環境問題と関わっていることを表している。このため第四項で「自動車交通を減少させる」とはっきり述べられ、法律が脱クルマ社会に向かうことを表明している。

また、すでに述べた道路の使い分けとモーダルシフトも中心的な概念として述べられている。すなわち第三項で、「多様な交通手段の間で道路の使い分けを行う」とあり、道路をクルマだけではなくバス、トラム、自転車、歩行者などとともに使い分け

都市交通計画（PDU）で表す内容

1	交通と環境や健康との間で持続可能な調和を維持する
2	障害者や交通弱者が公共交通に乗りやすいような整備を行う
3	多様な交通手段の間で道路の使い分けを行うとともに、歩行者や自転車事故を検討することで道路の安全性を向上させる
4	自動車交通を減少させる
5	公共交通と省エネルギーの交通手段、特に歩行と自転車を発達させる
6	多様な交通手段の利用と標識の設置により都市圏の道路利用を向上させる
7	各種駐車場を組織的に設置する。公営、道路沿い、駅や都市周辺部でのパーク&ライド用、カーシェアリング用など
8	荷物輸送、配達用のスペースを他の交通の妨げにならないように確保する
9	公務員や企業で働く人たちにカーシェアリングを求める
10	交通料金を統一する。都市周辺でのパーク&ライドにより公共交通に乗り換えるようにする
11	電気自動車、プラグイン・ハイブリッド車

「交通法典」L.1214-2、都市交通計画（PDU）第1編、7頁より作成

ることを指示している。モーダルシフトについては、「公共交通と省エネルギーの交通手段」「パーク＆ライド」などの項目で、クルマに代わり二酸化炭素排出量の少ない公共交通を優先することが述べられている。パーク＆ライドとは、郊外に駐車場を設けてクルマを置き、公共交通に乗り換えて都心部に向かうモーダルシフトの手法である。これ以外にもカーシェアリングなど、クルマの利用を減少させるための手法が詳細に述べられている。

もちろん本来の目的である交通権にも言及されていることは言うまでもない。また公共交通の利用についてはもとより、公共料金さらには障害者や交通弱者の交通権も規定している。

党派を超えて成立させた環境グルネル法

フランスでは二〇〇〇年に連帯都市再生法が制定され、都市計画の大転換が行われた。この法律については次章で詳細に述べるが、ここではその特徴を交通計画の点から述べておきたい。この法律は、既存の市街地の再生すなわち「都市の上に都市をつくる（la ville sur la ville）」ことにより、これまでのような市街地の農地や自然への拡張を防ぎ、環境を保全するという理念を提示した。この理念にもとづき、

クルマからトラムに乗り換えるパーク＆ライド。

交通についてはモーダルシフトを行うことで環境問題に対処するとともに、移動そのものの必要性を少なくするため土地利用の複合化を求めている。

フランスでは、一九五〇年以降の「栄光の三〇年」と呼ばれる時代に近代化が推進され、都市計画でも数々の再開発が取り行われた。中でも有名なプロジェクトであるポンピドーセンターに名をとどめるポンピドー大統領は熱心な近代化論者であり、「パリは自動車に適応しなければならない」と、セーヌ河岸に自動車道を計画した。右岸の道路は完成したが、左岸はポンピドー大統領が死去したため、工事途中で計画は放棄されることとなった。このような歴史を思い起こすなら、クルマへの依存を低下させようとする現在の方針は隔世の感がある。

もともと温暖化をはじめ環境保護については、北欧や、緑の党が強い影響力をもっているドイツが先進国として知られていた。しかしフランスでも、ようやく二〇〇〇年の連帯都市再生法により、都市計画においても地球規模の環境が重視されることになった。

フランスは県知事が内務省から派遣されるような中央集権の国である。したがって一度制度化されると、国から地方までがそれに従う。特に環境についてのグルネル法は、都市計画はもとより日常生活の面で大きな影響を与えることが予想されるため、法案作成中から話題になり、筆者がディジョン市の関係者に都市計画に関するインタヴューをする際にもたびたび言及されていた。正直言って当時

近代化論者のポンピドー大統領はクルマのためセーヌ河岸に自動車道をつくった。

は、「地球温暖化のような問題がどうして都市計画に影響するのか」と疑問に思ったものだった。

この環境グルネル法は、保守でありながら環境保全にも熱心な当時のサルコジ大統領のイニシアティヴのもと広範な人々を招集して開催された会議にもとづくもので、国民議会でも右派左派問わず圧倒的な賛同により成立した。この点アメリカや日本では、保守派は経済への負担が増すことを理由に環境保全には及び腰のことが多いのとは対照的である。ちなみにグルネルとは通りの名前であり、森口将之氏はどうして通りの名前が法律の名称になったのかを伝えている。* すなわち一九六八年に学生や労働者が中心となって「五月革命」と呼ばれた広範なデモや抗議行動が行われた際、グルネル通りにある労働省で開催された会議により紛争が調停されたことから「グルネル協定」と呼ばれるようになり、それ以降政府が主催する重要な会議にグルネルの名称が用いられるようになった。五月革命は、時の大統領ド・ゴールを退陣に追い込んだフランス戦後史の画期となった出来事であることを思うなら、環境グルネル法がいかに大きな意味をもつかが理解されよう。環境グルネル法は二〇〇九年に成立し、二〇一〇年には続編となる環境グルネル法2が成立しているが、本書では両者をまとめて環境グルネル法と呼ぶこととする。この法律は、建築の省エネ、ゴミ処理、二酸化炭素の抑制、交通計画、都市計画、生物多様性など地球環境の保全のために多くの強制力のある措置を定め

*森口将之『パリ流 環境社会への挑戦――モビリティ・ライフスタイル・まちづくり』鹿島出版会、二〇〇九年

ている。

環境グルネル法の一環として、二〇五〇年までに二酸化炭素排出量を一九九〇年比にして七五パーセント削減することが定められ、排出量が四分の一になることからファクター4と呼ばれている。またフランスはEUの一員であり、京都議定書により一九九〇年と比較して二〇一二年までに二酸化炭素排出量を八パーセント削減することを決めている。それに加えて、二〇二〇年までに二酸化炭素排出量を二〇パーセント削減し、再生エネルギーの利用率を二〇パーセントに、エネルギー効率を二〇パーセント向上させるという、3×20と呼ばれている方針を打ち出した。なお二酸化炭素は厳密にいうなら温室効果ガスのひとつであるが、フランスの都市計画の文書ではこれらを同一視して述べているので、ここでも両者を特に区別することなく用いていく。

このように地球温暖化の要因である二酸化炭素を削減し、地球環境を保全するうえで、交通についても応分の負担が求められることになる。その第一がクルマへの依存を低くすることであり、すでに述べた都市交通計画（PDU）において対応が求められることになる。

市町村単位の規制——地域気候変動エネルギー計画（PCET）

日本では、多くの人が京都議定書や温室効果ガスあるいは地球温暖化について聞いたことはあっても、日常生活で意識されることはほとんどない。誰しも身近な空間から遠ざかるほど関心は低下し、自分の住む町内から、市町村、都道府県、国と広がるほど関心は低下するので、世界や地球レベルの問題になると自分との関係を見いだせなくなる。また自分の住む地域で、二酸化炭素の排出量などが示されることは一切ないので、地球温暖化などを意識することがないのも当然かもしれない。このため環境というと、せいぜいエコカー減税やクルマの燃費を気にする程度ではないだろうか。

ところがフランスでは、市町村の段階で二酸化炭素の排出量を抑制する地域気候変動エネルギー計画（PCET）が作成され、日常生活の中で二酸化炭素の削減や省エネルギーが求められている。このPCETは下図で示したように都市計画や交通計画などの上位計画となり、下位の計画に対して二酸化炭素を削減する方策を求めることになる。

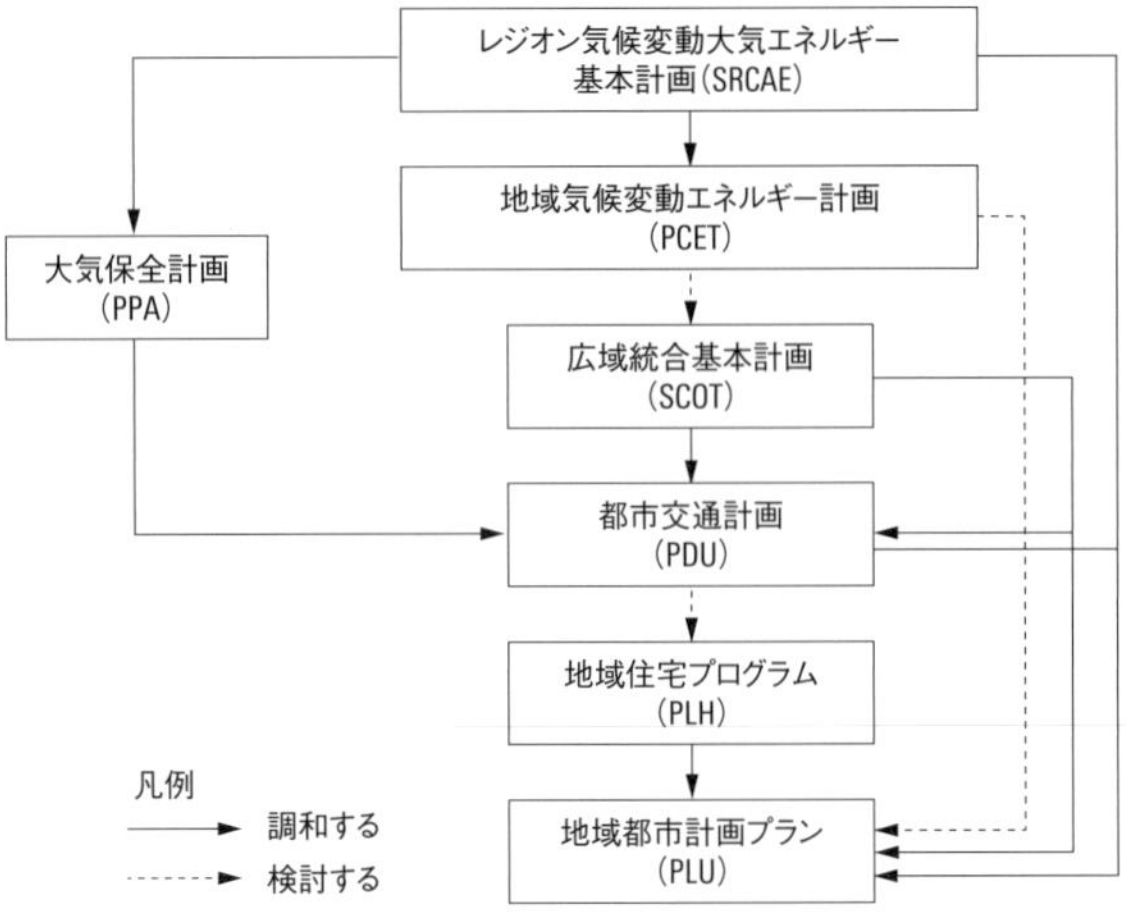

都市交通計画と他の文書との関係（ディジョン市の都市交通計画（PDU）環境評価書、八頁より作成）。

PCETは二〇〇四年の「気候変動計画に関する法律」により制度化された文書であり、当初作成は任意であった。しかし環境グルネル法により、市町村あるいはこれらにより構成される都市圏共同体による作成が義務づけられた。ここで都市圏共同体とは、複数の市町村により形成される自治体のことである。フランスではコミューヌと呼ばれる市町村の規模が小さいため様々な共同体が形成される。人口規模により名称も異なるが、本書では都市圏共同体で統一することとする。以下にブルゴーニュ地方にある、ディジョン市を中心とした二二市町村から成る人口約二四万五、〇〇〇人のディジョン都市圏共同体の作成した地域気候変動エネルギー計画について述べることにしたい。なおディジョン市やフランスの自治体の構成については、第三章で述べることにする。

ディジョン都市圏共同体の作成した地域気候変動エネルギー計画は二〇一二年に作成された五九頁の文書であり、EUが二酸化炭素排出量二〇パーセント削減を目標として掲げた二〇二〇年をターゲットにしている。目次は以下のようである（なお文書には章番号がないので、ここでは便宜的に付けた）。

一章　エネルギーと気候変動の課題
二章　二〇二〇年に向けたディジョン都市圏共同体の行動
三章　都市圏全域の二酸化炭素排出量（基準年二〇〇五年）

四章　関係団体との協議
五章　都市圏共同体の施設設備の二酸化炭素排出量（基準年二〇〇九年）
六章　削減目標
七章　削減のための基本方針

ディジョン都市圏共同体を構成する二二市町村全体に対する二〇〇五年を基準年とした二酸化炭素排出量について具体的に述べているのは、三章である。二酸化炭素排出量は九項目について表され、六章で二〇二〇年における削減目標がそれぞれ提示される（下表）。二〇二〇年は二酸化炭素排出量を二〇パーセント削減させるというEUの目標年であり、そのためこの文書では削減比にして二二・四パーセント、排出量にして三八万一、六三〇トンの削減を定めている。

九項目の中で最も多くの二酸化炭素を排出しているのは交通部門、具体的にはクルマであり全体の排出量の二八・八パーセントと四分の一以上を占めている。公共交通の発達したディジョン都市圏でこの割合なので、クルマへの依存の高い日本の地方都市ならば、二酸化炭素の排出量も割合もずっと高くなることが予想される。この交通部門は排出量が最も多いにもかかわらず削減の難しい項目

PCETによる都市圏域の二酸化炭素の削減

	排出量 2005年	削減目標 2020年	削減率（%）
交通	488,000（28.8%）	48,800	10%
住宅	390,000（22.9%）	156,000	40%
商業・サービス	264,000（15.5%）	111,300	42%
梱包・包装	131,000（7.7%）	13,100	10%
ゴミ収集	127,000（7.5%）	17,780	14%
建設工事	111,000（6.5%）	―	―
暖房費	101,000（5.9%）	22,050	21%
工業部門	77,000（4.5%）	10,780	14%
農業部門	13,000（0.7%）	1,820	14%
合計	1,702,000（100%）	381,630	22.40%

地域気候変動エネルギー計画（PCET）、13,14,23頁より作成

であり、目標を一〇パーセントとしている。クルマの排出する二酸化炭素を一〇パーセント削減することは、言い換えるなら都市圏を走るクルマの台数を一〇パーセント減少させることであり、それにはモーダルシフトを行う必要がある。なおディジョン市は鉄道でも道路でも交通の要衝であり、多くの貨物や荷物がここを通って輸送される。このため貨物輸送による二酸化炭素排出量は最も多く、九三万六、〇〇〇トンになっている。しかし都市圏共同体では、通過輸送については対応できないため数値目標からは除外されている。

このような上位計画である地域気候変動エネルギー計画の要請にもとづき、ディジョン市では様々なモーダルシフトの手法が検討され、都市交通計画（PDU）により提案される。

地域全体に続いて、五章でディジョン都市圏共同体の管理している建物や設備を対象として二酸化炭素の排出量が示され、六章で削減目標が定められる（次頁表）。都市圏共同体が管理する施設や設備が排出する二酸化炭素の総排出量は二三万八、五〇〇トンである。ここでも二〇二〇年の削減目標である二〇パーセントをクリアするため、二三・九パーセントの削減目標を定めている。

施設や設備は、八項目に分けて示されている。最も多いのはゴミ処理で、全体の五二・〇パーセントと全施設設備の出す二酸化炭素排出量の半分以上を占めている。このゴミ処理にはゴミ焼却による二酸化炭素の排出量だけでなく、ゴミ収集

ディジョン市郊外のクルマの列。PCETは、クルマを二〇二〇年までに一〇パーセント減少させることを求めている。

車の出す二酸化炭素も含まれている。一方削減率をみると、地域暖房が五〇パーセントと最も削減目標が高く設定されている。これは中央の熱源からそれぞれの建物までお湯や蒸気を配管で送るシステムであり、二酸化炭素排出量に関して大きな削減を期待できる。次いでゴミ処理、そして公共交通が続く。公共交通とはバスのことで、削減目標は九・八パーセントとされており、クルマの削減目標とほぼ同じである。交通に関してはクルマでもバスでも、約一割の削減が限界のようであり、これが下位計画である都市交通計画により、交通部門の二酸化炭素の削減目標一〇パーセントして設定される。

以上のような二酸化炭素の削減目標を達成するため、七章においてディジョン都市圏の市町村が取り組むべき八つの方針が次頁の表のように提示される。このうち公共交通や都市計画に関する方針である、方針三、四、七を述べてみたい。日本では東京都において、二酸化炭素削減のための総量規制を行っている。[*] 東京都のような大きな自治体でない一般の市町村でも地球温暖化に対応できるという意味で、ディジョン都市圏の例は参考になると思う。

方針三では、乗客一名を一キロ移動させる際の二酸化炭素排出量は、バスだと五〇グラムなのに対しクルマだと一四〇グラムであるという

PCETによる施設設備の二酸化炭素の削減

	排出量 2009年		削減目標	削減率(%)
ゴミ処理	124,000(52.0%)		18,081	14.6%
地域暖房	70,800(29.7%)		35,381	50.0%
公共交通	22,500(9.4%)		2,215	9.8%
公共施設	7,100	21,200 (8.9%)	1,310	6.2%
購入物	7,000			
建設工事	4,900			
冷房	1,100			
貨物輸送	1,100			
合計	238,500(100%)		56,987	23.9%

排出量：トン(%は構成比)。地域気候変動エネルギー計画(PCET)、20,24頁より作成

事実を指摘して、都市交通計画においてモーダルシフトを行うことを指示している。

方針四では、下位の計画である広域統合基本計画、都市交通計画、地域都市計画プランを対象として、市街地の拡散を抑制して既成市街地の高密度化を図るとともに、公共交通により市街地間を結ぶことを提示している。このように上位計画として、地球温暖化への対応として都市計画と公共交通の結びつきを指示している。日本では都市交通計画のような文書がないこともあり、都市計画と交通計画が一体的に考えられることはないので、フランスの例は地球温暖化対策だけでなくクルマに依存しない地域づくりのうえでも参考になる。

方針七では、自治体が模範を示すことを述べ、一例として自治体職員がクルマに代わり公共交通を使って通勤すべきことを指示している。筆者は毎年ディジョン都市計画共同体の職員にインタヴューに行くが、つい数年前「今年からクルマでの通勤が禁止され、バスで通勤している」と聞かさ

PCETによるディジョン都市圏の市町村が取り組むべき8つの対応方針

方針1	建物のエネルギー効率を向上させる
方針2	施設や設備に再生エネルギーを利用する
方針3	環境に配慮した交通様式を促進させる
3-1	環境負荷の低い移動方法を発展させる
3-2	道路の使い分けにより多様な交通手段を確保する
方針4	低酸素社会にするための地域整備を行う
4-1	スプロールを抑制し、土地の消費を抑える
4-2	都市計画と交通計画を結びつける
4-3	モデルとなる整備事業を行う
4-4	都市計画文書により規制を行う
方針5	エネルギー効率の点から地域経済を検討する
方針6	省エネルギーについての啓発活動を行う
方針7	自治体は模範となる事業や活動を行う
7-1	ディジョン都市圏共同体の施設・設備の省エネを行う
7-2	自治体の購入や職員の通勤において模範を示す
7-3	他の市町村にも協力を要請する
方針8	このPCETの方針についての評価を行い、対応する

ディジョン地域気候変動エネルギー計画(PCET)、25〜56頁より作成

＊大野輝之『自治体のエネルギー戦略——アメリカと東京』岩波新書、二〇一三年

れたのを覚えている。何故だろうと思ったが、それにはこのような背景があったのである。日本の地方都市ならクルマなしの生活は考えられないので、市役所職員に公共交通を利用して通勤することを命じることなど考えられない。

このような計画が日本の市町村で作成されるなら、どのようなものになるだろうか。この分野の専門家でないので予想はできない。ただ言えることは、このような文書があるなら、日常生活の中で二酸化炭素の排出量を抑えようと意識するようになり、地球温暖化といった遥か遠い世界の問題が身近なものとして感じられることである。地球環境問題を考える際、「地球規模で考え、地域で行動する」(Think Globally, Act Locally)とよく言われる。地域気候変動エネルギー計画のような文書は、この言葉通り、地球温暖化という人類が直面する問題に対して、誰でもが日常的な交通の利用や住宅の省エネでも対応できることを表している。

三人に一人が乗車するトラム——ディジョン市のPDU

ディジョン都市圏共同体の作成した都市交通計画(PDU)の中心をなすのは、上位計画である地域気候変動エネルギー計画(PCET)により定められた二酸化炭素の排出量の抑制である。これは二〇二〇年を目標年度として、クルマからの二酸化炭素排出量を一〇パーセント削減するものであり、そのためクルマの利用を規制するモーダルシフトを計画することとなる。モーダルシフトのための数値目標が、交通ごとに以下のように設定されている。

	二〇一二年	二〇二〇年
クルマ	五三パーセント	四〇パーセント
公共交通	一三パーセント	二〇パーセント
自転車	三パーセント	一〇パーセント
歩行	二八パーセント	三〇パーセント
オートバイ	三パーセント	—

（オートバイについては、二〇二〇年ではクルマと同じように扱われる）

オートバイの三パーセントを含めると五六パーセントになる現在のクルマの利用率を、今後八年間で四〇パーセントに引き下げることが目標とされている。そのためには、公共交通の利用率を七パーセント引き上げるとともに、自転車の利用率を三パーセントから一〇パーセントと、三倍以上にする必要がある。この公共交通の利用率を大きく促進させるために計画されたのがトラムである。また自転車をモーダルシフトの一翼を担う交通手段として位置づけるには自転車道の整備

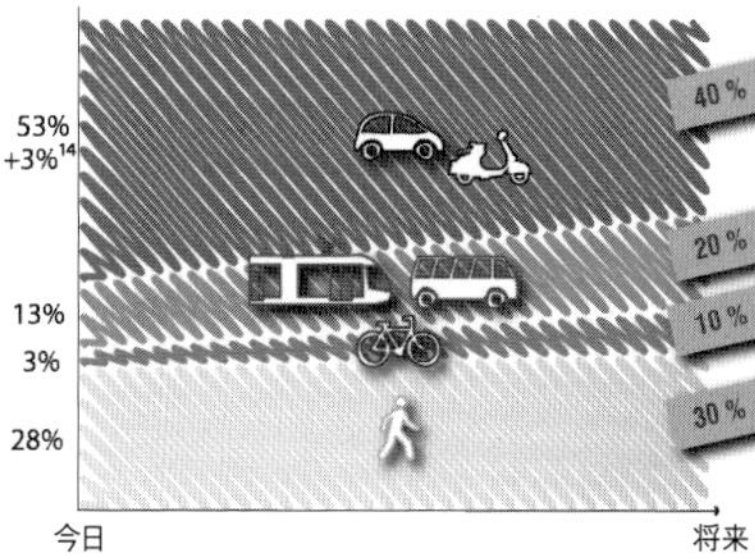

二〇二〇年までのモーダルシフト。（ディジョン市都市交通計画（PDU）第一編、四三頁より作成）

が重要であり、新たな自転車道の設置とともに、「道路の使い分け」により既存の道路に自転車道を確保することが求められる。

モーダルシフトを行ううえでの中心手段となるトラム(路面電車)は、二〇一二年末に完成した。八・五キロと一一・五キロの二路線で、一・一キロは路線を共有している。五〇〇メートル間隔で三七の駅がある。車輌は六両編成で長さは三〇メートル、二〇〇人から二二〇人が乗車して、平均速度は時速二〇キロである。ここまでは単なる事実の説明であり、特に注目することではない。しかし利用者数の予想が一日、九万人と聞いて驚いた。人口約二四万五、〇〇〇人の地方都市圏で九万人の利用者ということは、毎日三人に一人以上が乗車することになる。

クルマ社会となった日本の地方都市では公共交通は衰退の一方で、超高齢化社会を迎え買い物難民が危惧されるのとは、まさに別世界のようである。筆者の住む足利市など、鉄道を除くなら公共交通としては生活路線バスしかなく、クルマがないなら生活できない。これを思うなら、トラムの利用者が一日九万人などちょっと想像できない。

トラムの路線は、当然人口密集地を通る。そもそも人口が密集していないなら、いくら人口が多くてもトラムはもとより公共交通自体が発達しない。このことは、ロサンゼルスに代表されるような郊外に拡散したアメリカの都市では公共交通は発達せずクルマに依存するようになっているのに対し、ヨーロッパでは市街地がコンパクトにまとまり、公共交通が発達していることからも理解されよう。このトラムの路線は、大学や病院あるいはスポーツ施設など公共施設を結ぶよう計画されており、市民がクルマを利用せずにこれらの施設を利用できるようにしている。また、これまで公共交通の利用の不便だった団地や大型の商業施設を結んでおり、市民の移動を容易にしている。

この結果、トラムの二路線沿いにディジョン都市圏の三分の一にあたる七六、〇〇〇人が住み、雇用についても三分の一にあたる四四、〇〇〇人分の就業がある。このように住民や雇用の三分の一を結ぶ大動脈になるなら、一日の利用者が九万人になるのも肯ける。

また都市計画や住宅計画からの支援もある。すなわちディジョン都市圏の都市

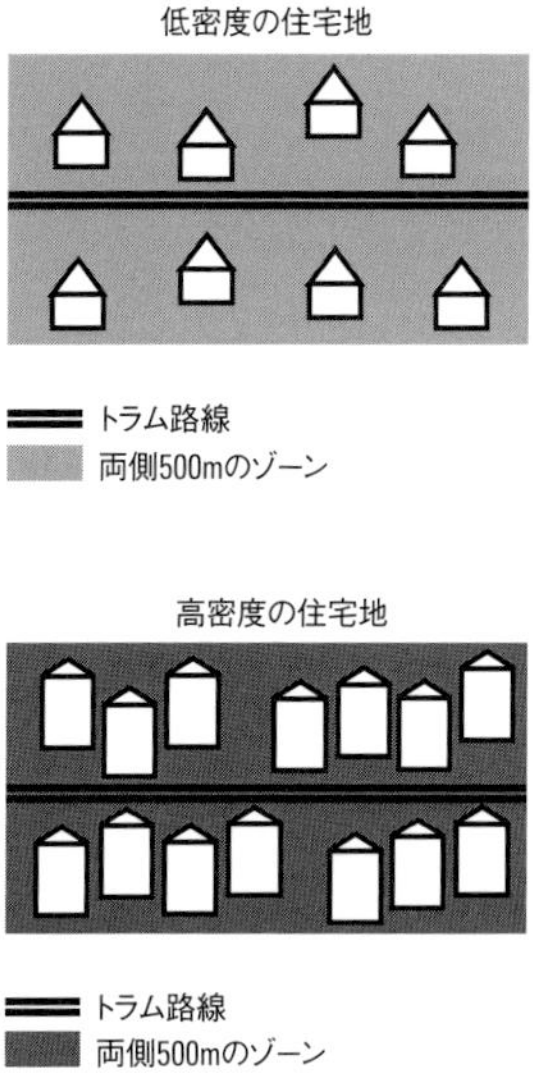

トラムの両側五〇〇メートルの高密度化(ディジョン市都市交通計画(PDU)第二編、一〇四頁より作成)。

［上］トラムの両側五〇〇メートルは土地の高密度化が考えられている。
［中］トラムの内部。内部にタッチパネル式の改札機がある。
［下］トラムの駅。左側にあるのは発券機である。

交通計画（PDU）は、トラムの路線両側五〇〇メートルについて高密度化を行うことを求めている（前頁の図を参照）。さらに住宅建設の計画も、トラムの建設と結び付けられている。すなわちディジョン市は二〇二〇年までに、一一、八〇〇戸の住宅を供給する予定であり、このうち七、八〇〇戸がトラムの両側五〇〇メートル沿いに建設されることになっている。このように住宅建設と交通計画を結びつけるならば、居住者は公共交通を利用できるためクルマで通勤し、クルマで買い物に行く必要はない。またトラムにしても利用者が増えるので、公共交通としての採算性を向上させることができる。

ディジョン市のＰＤＵ二〇一二－三一のアクション

ディジョン都市圏の二〇一二年の都市交通計画（ＰＤＵ）は四部（本編二部＋付録二部）、合計三五七頁にも及ぶ大部な文書であり、ディジョン市を中心とする周囲二二市町村から構成される都市圏共同体を対象とする。上位計画となる、ディジョン都市圏共同体の策定した地域気候変動エネルギー計画（ＰＣＥＴ）で定める、交通における二酸化炭素排出量の一〇パーセント削減という目標、あるいは広域圏のマスタープランである広域統合基本計画（ＳＣＯＴ）により表された「交通と都市計画を結びつける」という方針も、このＰＤＵで具体化される。

このＰＤＵの中心をなすのは、第二編の活動方針である。第二編は四つの基本方針と、三一のアクションにより、二〇二〇年までのディジョン都市圏の交通計画を提示している。

各アクションには、現状と課題、目的と手段、関連するアクション、担当組織、関係する組織、各組織の役割、評価指標、見積が示される。見積まで表されているように、詳細なプログラムにもとづいた実施計画であり、単なる提案や構想ではない。

基本方針一は、「道路の使い分けをする」という交通政策の中心が提示されている。特に自転車道は、二〇二〇年までに利用の割合を現在の三パーセントから一〇パーセントに引き上げることを目標としているため、第一に取り上げられている。また歩行も自転車とともに「環境に優しい交通」（transports doux, modes actifs）と呼ばれ、モーダルシフトの一環をなしている。このため利用率を二八パーセントから三〇パーセントに上げることを目標としており、歩行者路のネットワークをつくるための用地の取得が提案される。

基本方針二は、「交通費の抑制」である。交通費はフランスの家計の支出項目のうち二番目に多い支出であり、しかも節約したくてもできない項目である。バスの運行速度が遅くなると利用者が減り、運賃の値上げになる。このためトラム運行にともない、バス路線の再編を行い、運行速度を上げることを提案している。

基本方針三は、「クルマに代わる交通手段」であり、ＰＣＥＴの二酸化炭素一〇パーセント削減目標の鍵となる方針である。トラムをはじめ、パーク＆ライドのような市街地だけの対応ではなく郊外あるいは農山村部におけるクルマの利用を抑制することも提案されている。

基本方針四の「交通政策と都市計画を結びつける」ことはＰＣＥＴや広域統合基本計画（ＳＣＯＴ）などの上位計画により繰り返し指摘されてきたことである。これらの文書では、公共交通で結ばれた地域における高密度化を求めている。このためＰＤＵではトラムの路線沿いの高密度化が指示され、下位の文書である地域都市計画プランで具体的に述べられる。

基本方針一　道路や空間の使い分けをする

ディジョン都市圏の都市交通計画（ＰＤＵ）では、モーダルシフトの一環として二〇二〇年までに自転車利用の割合を現在の三パーセントから一〇パーセントに引き上げることを目標としている。このため都市交通計画の基本方針の第一は道路の使い分けであり、特に自転車交通の整備となっている。日本なら交通計画の最初に自転車道が取り上げられることなど考えられないので、フランスにおける自転車の役割の大きさに驚かされる。

フランスでは国をあげて自転車道の整備を進

ディジョン市PDUの31のアクション

基本方針1 道路や空間の 使い分けをする	1	安全な道路をつくるためのガイドブックを作成する
	2	安全なゾーンの設置を広く知らせる
	3	自転車のための整備を強化する
	4	歩行者道を連続させるための計画を策定する
	5	障害者の利用できる空間を整備する
	6	搬送用の規定を決める
	7	トラック専用路を決める
	8	中心地や工業地域への貨物輸送を組織化する
	9	道路のヒエラルヒーを考える
基本方針2 交通費を抑制する	10	バスの速度を向上させる
	11	公共交通網を改善する
	12	様々な公共交通間の連携をはかる
	13	整備事業で歩道や自転車道を連続させる
	14	企業はクルマ以外の通勤を奨励する
	15	中心地の貨物輸送を合理化する
	16	恵まれない人々を支援するため公共料金を抑制する
基本方針3 クルマに代わる 交通手段	17	高齢者の移動を支援する
	18	駐車場についての政策を強化する
	19	各種のパーク&ライドを整備する
	20	自転車用のパーク&ライドを整備する
	21	障害者のアクセスをよくする
	22	地域圏鉄道へのアクセスをよくする
	23	カーシェアリングを促進する
	24	相乗りシステムを試みる
	25	地域圏で共同利用車を導入する
	26	児童の送り迎えのためのバスを考える
	27	公共交通間の連携を図る
	28	公共交通間の乗り換えを容易にする
基本方針4 交通政策と都市計画 を結びつける	29	歩行者路と地域都市計画プラン
	30	地域都市計画プランで公共交通の周囲の高密度化を図る
	31	地域都市計画プランで駐車場を規制する

めており、道路法により新たに道路をつくる際には、自転車道を検討することが求められる。また中心市街地などでは、クルマの速度を三〇キロに制限するゾーン30が制度化され、ここにおいて両方向の自転車道を整備することが定められている。ディジョン市でも、このような国の法制面での支援を受け、自転車の利用を普及させるため、中心市街地内にゾーン30を設定して自転車道をつくるほか、トラム路線でも二〇キロ全線について自転車道がつくられている。

さらにディジョン市は二〇〇七年に、自転車の利用率を一〇パーセントにするため、都市自転車クラブに対し、既存の道路に自転車道を設置することに関する調査を依頼した。現在の自転車道は二三四キロ、その他サイクリング・ロードとして三二キロがある。調査の結果提出された報告書では、利用可能な自転車道は現在利用中のものを含め一、〇二八キロあることを指摘している。パリの自転車道が三五〇キロであるから、約三倍の自転車道をディジョン市につくることが可能である。

またディジョン市では二〇〇九年に「世帯交通調査」が行われている。この調査は広域統合基本計画を作成するディジョン広域圏一一六市町村を対象として、無作為に選出した五、六〇〇人に調査前日の交通利用を電話で聞くもので、自転車も調査対象であった。この調査における各交通手段の利用率が、先ほど述べた二〇二〇年までのモーダルシフトの基準になっている。この調査の結果、すべての移動に対する自転車の利用率は三・三パーセントになっており、これが都市交通計画における現時点での自転車の利用率である。この三パーセントを一〇パーセントにすることが都市交通計画（PDU）の大きな目標となっている。

自転車を利用した理由をみると通勤が最も多く、約六パーセントとなっている（次頁の上表）。日本の地方都市だと、高校生が通学に使うことはあっても、社会人はマイカーが中心で、自転車を利用することは稀であろう。しかしヨーロッパでは通勤に自転車を用いることは日常的であり、オランダやデンマークなどでは主要な通勤手段になっている。ディジョン市も、自転車通勤を普及させることに力を入れている。

二〇一〇年にディジョン市で作成された「自転車報告書」によると、ディジョン都市圏の人口約二四万五、〇〇〇人のうち六〇パーセントにあたる一五万人が中心から半径三キロに居住しているうえ、八〇パーセントの就業者が自宅から五キロ以内に通勤している。先述の「世帯交通調査」では、移動に要する時間が三〇分を超えると、自転車の利用は減り他の交通手段を利用することがわかっている(下表)。自転車の平均速度は一〇キロくらいであるから、自転車道が整備されるなら三〇分以内で通勤できる人が多く、通勤手段として利用できる可能性は十分ある。

またディジョン都市圏共同体もパリのヴェ

目的別自転車の利用率(%)

	徒歩	公共交通	自家用車		自転車	その他
			運転	同乗		
通勤	10.2	10.9	66.7	2.1	5.8	4.4
買い物	37.4	11.1	43.3	4.9	2.8	0.6
レジャー	38.8	9.7	35.6	11.5	3.3	1.1
すべて	28.3	12.6	47.4	6.1	3.3	2.3

世帯移動調査2009年『自転車報告書』2010年、20頁より作成

移動時間と自転車利用

	全交通手段利用数	自転車利用数	自転車利用率
5分以内	189,405	6,967	3.6%
5〜15分	425,182	14,434	3.8%
16〜30分	236,084	6,050	2.9%
31〜60分	68,232	1,141	1.0%
61分以上	23,139	372	1.9%
不明	3,973	45	1.3%
全体	946,035	29,010	3.3%

世帯移動調査2009年『自転車報告書』2010年、25頁より作成

リーヴと同様、ヴェロディと呼ばれる貸し自転車システムを導入した。四〇ステーションに四〇〇台用意されており、一週間で一ユーロ、年間二四ユーロで利用できる。さらにディジョン交通公団も貸し自転車システムを導入した。こちらは長期の貸し出し専用で八〇〇台用意され、年間四〇〜八〇ユーロでレンタルされる。したがって人口一五万五、〇〇〇人のディジョン市には合計で一、二〇〇台の貸し自転車があることになり、これは人口一三〇人に対し一台になる。パリは人口二〇〇万人に対して貸し自転車一万台であり人口二〇〇人に対し一台であるから、ディジョン市はパリ以上に貸し自転車の多い都市になっている。

基本方針二　交通費を抑制する

基本方針の第二は、公共交通費の抑制である。フランスでは、交通費はフランスの家計の支出項目のうち二番目を占め、しかも節約したくてもできない項目である。日本では物価や消費税については注目されるが、交通費についての関心は低く、まして交通費と家計との関係など議論されることはほとんどない。その点フランスでは自治体により交通計画が作成され、さらに交通費まで言及されるのであるから、自治体の役割や公共性について考えさせられる。

PDUでは、公共交通の役割のひとつは社会的な弱者を支援することであると述べられている。低所得者層は、中心地の家賃が高いため郊外に居住することとなり、このため遠距離通勤を余儀なくされ、貧しい人ほど交通費もかかることとなる。また高齢となりクルマの運転ができなくなると、公共交通に頼らざるを得ない。このような社会的理由からも、公共交通の充実が求められる。

トラムが導入されるまで公共交通の中心となってきたのは、バスである。このバスには、ディジョン都市圏共同体が運行するバス、コット・ドール県のバス、地域圏（レジオン）のバスの三つがある。このうち中心となるのは、ディジョン都市圏共同体のバスである。二〇一〇年には二四路線あり、年間の利用者は何と三、六六〇万人である！　最初この数字を見たとき、一桁間違っているのではないかと思った。これが事実とすると一か月の利用者は三〇〇万人以上、一日の利用者は約一〇万人になる。人口約二四万五、〇〇〇人の都市圏であるが、バス利用の中心となるディジョン市の人口は一五万五、〇〇〇人である。そうすると都市圏全体でみるなら一日につき二・五人に一人、ディジョン市でみるなら一・五人に一人がバスを利用することになる。

筆者の住む足利市では生活路線バスしかなく、これまで一度も利用したことがない。だいたい路線も知らず、乗り方も、バス停の位置も、料金も知らない。これは足利だけでなく、日本の地方都市の公共交通の実態ではないかと思う。このことを当然のように考えていたため、ディジョン市のバスの利用者が一か月三〇〇万人と知って、すぐにこれが事実とは思えなかったのである。ちなみに調べたところ、足利市の生活路線バスの利用者は一か月一一、〇〇〇人であり、一桁どころか二桁の差がある。

ＰＤＵでは、バスの運行コストについて、運行速度が一キロ遅くなると、三〇万ユーロの損失になると指摘している。しかしこの八年間で、バスの運行速度は二キロも遅くなっている。バスの速度が遅くなると急ぐ人たちはクルマを利用することになり、バスの利用者が減少することになる。このためますますクルマが増えることとなり、道路が渋滞してバスが遅くなるという悪循環が生まれる。

このため、トラム運行にともないバス路線の再編を行い、運行速度を上げることを提案している。すなわちトラムの二路線が中心地を経て人口密集地を結ぶため、この路線沿いでのクルマやバスの渋滞が緩和される。そして拠点となるトラムの駅をトランジット・ステーションとして利用し、バスに乗り換えるようにするなら、バスは中心地を迂回するため速度も上がると期待されている。

　またバス専用レーンを設けることも提案されている。これはトラムと同様、専用軌道公共交通（TCSP）の概念で、専用レーンを設けるならクルマの走らない道路を走れるため、速度を上げることができる。速度が一キロ早くなるなら三〇万ユーロ節約できるので、これはそのままバス料金を下げることにつながる。

　このような対応により、家計費に占める第二の支出項目である交通費の抑制を提案している。筆者の住む栃木県では、市町の運行する公共バスが赤字続きで問題になっている。これを思うなら、公共交通が十分に整備され、さらに交通費の抑制を検討するディジョン市の話は別世界のことのように思える。

トランジット・ステーションのダルシー広場。トラム、バス、貸し自転車などを利用できる。

基本方針三　クルマに代わる交通手段

　この方針は、上位計画である地域気候変動エネルギー計画（PCET）により定められた交通部門における二酸化炭素排出量を一〇パーセント削減するという目標を達成するうえで鍵となる。すでに述べたトラムは、このクルマに代わる交通手段として導入されたものである。トラム以外でも、クルマの利用を抑制するモーダルシフトの手法が提示されている。

　郊外でクルマから公共交通に乗り換え中心部に向かうパーク＆ライドは、最も一般的なモーダルシフトの手法であり、ここでも提案されている。公共交通の中心となるのがトラムのため、二か所のトラムの駅にパーク＆ライド用の駐車場を設置し、将来さらに二か所設置する予定である。またクルマに代わり自転車を利用して、バスやトラムに乗り換えるのも、一種のパーク&ライドである。この場合盗難の防止が大きな課題であり、自転車を繋ぐ柵(arceaux)を設置することが提案されている。なお鉄道の駅周囲に駐車場を設置し、クルマから乗り換えることもパーク&ライドである。ただしこれは郊外や農村部の駅に駐車して、中心部であるディジョン市に列車で向かうことであり、首都圏に近い地方都市のように中心地の駅にクルマを置いて東京などの大都市に行くことはパーク&ライドとは言わない。この鉄道駅のパーク&ライドでは、駅の周囲に駐車場が散在するような土地利用の混乱や駅周辺でのスプロールを防ぐため特定の駅が指定され、対応も指示される。

市街地へのクルマの乗り入れを規制するため、日本では考えられないような駐車場の制限も行われている。フランスでは建物の用途と規模ごとに、一定台数の駐車場を設けることが地域都市計画プラン(PLU)により決められる。この制度を利用して、公共交通の利便性の高い地域にある店舗やオフィスの駐車台数を制限することにより、公共交通の利用を促進することが提案されている。これは環境グルネル法により定められたものであり、都市交通計画(PDU)で提案され、具体的には地域都市計画プランの規定文書により実施される。

これは郊外への市街地の拡張が厳しく抑制されているうえ、店舗の立地についても規制が行われるフランスだからできることである。日本の地方都市のように、中心地の空洞化が進んでいるところで店舗の駐車台数を規制するなら、消費者は郊外の大型店にますます行くようになり、中心地の衰退に拍車をかけるようなものである。

基本方針四　交通政策と都市計画を結びつける

この方針は連帯都市再生法で述べられ、環境グルネル法により強化された方針であり、具体的には都市交通計画（PDU）で提案され、下位計画の地域都市計画プランにより拘束力を持った方策となる。

公共交通の利用できる地域で高密度化を図ることは、環境グルネル法により都市計画に求められた要請である。まず広域のマスタープランである広域統合基本計画（SCOT）により、公共交通により結ばれた地域における高密度化が指示される。この指示にしたがい、都市交通計画（PDU）はトラムの両側五〇〇メートルについて高密度化を図ることを提案する。このような上位計画である都市交通計画の求めに応じて、ディジョン市の地域都市計画プランにおいてトラム沿いの高密度化を行うため、高さ規制や壁面後退の緩和、あるいは容積率の廃止が規定される。

トラム沿いなど公共交通の便利な地域に高密度で建設できるなら、郊外への市街地の拡散を抑制することができる。郊外に住宅地が拡散した場合、クルマに依存せざるを得ないうえ、通勤距離も長くなるので二酸化炭素排出量も増えることとなる。これは二〇二〇年までに二酸化炭素排出量を一〇パーセント削減するという都市交通計画の目標を達成するうえで大きな阻害要因となる。このため地域都市計画プランにより、公共交通の便利な地域での高密度化とともに、このような郊外での建設を厳しく規制することが求められる。

PDUにおける環境アセスメント

都市交通計画（PDU）では環境アセスメントが行われ、付録2として添付されている。日本では、環境アセスメントは大規模な事業を対象とするため、日常的には関係のない制度と思われている。しかしこのような日本のアセスメントは例外的なものである。原科幸彦氏の述べているように、世界では簡易な環境アセスメントが行われ、人間活動が環境にどのような影響を及ぼすか事前に予測して、これを軽減する、場合によっては計画や事業などの活動そのものを見直すことが行われている。*これは「戦略的環境アセスメント（SEA）」と呼ばれるもので、事業に先立つ計画や政策の段階で実施される点が特徴である。フランスではEU委員会による指針にもとづき、二〇〇四年のオルドナンス（議会の委任を受けて出される行政命令）と二〇〇五年の政令によりこの戦略的アセスメントが導入され、今回の都市交通計画でも利用されている。日本にはないアセスメント方法なので、その一端を紹介したい。

ディジョン都市圏のPDUの環境アセスメントは全九章、一三七頁にもなる文書である。そのうち中心となるのは、「四章 環境の現況」と「五章 予想される環境への影響」で、この二章だけで九四頁と文書の大部分を占めている。この二章では、以下の九項目の評価指標により環境への影響とその対応を述べている。

*原科幸彦『環境アセスメントとは何か――対応から戦略へ』岩波新書、二〇一一年

1　大気汚染
2　騒音
3　安全性
4　温室効果ガス
5　土地の消費
6　生物多様性と自然環境
7　水資源と湿地環境
8　自然災害と工業災害
9　景観と生活環境

これらのうち、交通と最も密接に関わる評価指標は「1　大気汚染」「4　温室効果ガス」「5　土地の消費」「6　生物の多様性と自然環境」であり、ここで紹介したい。

「1　大気汚染」では、現況として、一九九〇年から二〇〇七年までの六地点における大気汚染物質六種の測定値が検討されている。この六種の中には最近中国で発生して、日本にまで流されてくるため広く知られるようになった有害物質のPM2.5も含まれる。これらを総合的に評価して、一年で大気が良好とされる日数は二六九日、平均が九三日、良くないが三日としている。また基幹道路における交通量と大気汚染との関係が表され、交通量が特に多い幹線沿いで二酸化窒素、PM10が基準値を超える日のあることが指摘されている。

都市交通計画の影響に関しては、トラムの運行によりクルマが一日七、〇〇〇台減少すること、駐車場の規制により二二、〇〇〇台減少することを考慮して、クルマの利用率が三・三パーセント減少すると予測している。またカーシェアリング、公共交通沿いの高密度化、貨物輸送の適正化も大気汚染の緩和に役立つと評価している。一方パーク＆ライドに関しては、公共交通の促進に役立つ反面、周囲の市街化の問題を指摘しており、大気汚染に関しては中立的と判定している。環境アセスメントと聞くと、大気汚染物質の測定のような定量的な評価を思いがちであるが、ここにみるように整備の影響などの予測にもとづく定性的な評価も含まれる。このように環境アセスメントは客観的に行われ、環境にプラスの面とともにマイナスの面も指摘される。

「4　温室効果ガス」は、地域気候変動エネルギー計画により削減目標が定められた評価指標であり、その意味で最も重要なアセスメントであると言えよう。

温室効果ガスについては、二〇二〇年までに全体で二〇パーセント削減をすること、そのため交通部門で一〇パーセント削減することが目標とされた。そのためすでに述べたように、クルマの利用を抑制する様々なモーダルシフトの手法が提案されている。この結果クルマの利用率を五三パーセントから四〇パーセントに下げることが可能であり、二酸化炭素排出量が減少すると予測している。また公共交通の発達した地域での高密度化や、中心地で駐車場を減少させることにより公共交通の利用を促進させるなら、さらに二酸化炭素排出量を削減することができると予測されている。一方ゾーン30などを設定し、クルマの速度を三〇キロに規制すると二酸化炭素の排出量は増加するため、温室効果ガス削減にはマイナスとなる。これらを総合的に判断して、都市交通計画は二酸化炭素を削減させると評価している。

「5　土地の消費」では、土地が宅地、商工業用地、道路などに転用されることによる環境への影響を評価している。土地の消費（consommation d'espace）とはなじみのない表現であるが、都市化により貴重な自然や農地が消費されることを表すため、あえて直訳して用いた。このような土地の消費は生物多様性を損なうとともに、土地が舗装されることにより雨水の処理の問題が生じるため、フランスの都市計画では大きな配慮が払われている。ディジョン都市圏の二二市町村では、一九九〇年から二〇〇六年までの間に、年〇・五パーセントの割合で土地が消費され、合計五〇〇ヘクタールの土地が都市化された。このような土地の消費は、モータリゼーションにより郊外での市街化が行われ、農地や自然が転用されたことによるものである。

このような土地の消費を抑制するため、都市交通計画は公共交通の利便性の高い地域での高密度化などの提案を行っている。これにより、これまで郊外で進行してきた市街化を抑制し、貴重な自然や農地を保全することができると評価している。一方トラムや新バイパスの建設により一定の土地が消費されるうえ、パーク＆ライドのための駐車場をつくる際にも土地が消費される。ただしこれらの土地の消費は限定的であり、総合的に考えるなら公共交通と都市計画を一体的に考えたアクションにより、土地の消費を抑えることができると評価している。

「6　生物の多様性と自然環境」は、交通の中でも道路による生態系への影響に関するアセスメントを行っている。一般的に道路の建設は、エコシステムの分断、自然環境を直接損なう、工事や交通量の増加により環境が徐々に悪化するという

道路によるエコシステムへの影響（ディジョン市都市交通計画（ＰＤＵ）環境アセスメント、四七頁より作成）。

三つの影響を及ぼす。現在のところ、都市圏には様々な自然保護区域が設定されており、基幹道路はこれらを避けるように走っているため、このような環境への影響は少ないと評価している。

道路の設置については、新バイパスの建設が生態系や生物多様性に最も大きな影響を与えると予想している。これに対処するため、バイパスの計画では九・五ヘクタールの土地が利用されるのに対し、一七ヘクタールの同じような状態の土地を補償することになっている。これは「ノーネットロス」と呼ばれる生態系や生物多様性を保全する手法であり、EUでは一九九二年この措置を制度化するよう加盟国に指示をしている。* もちろんまったく同じ土地を再現することは不可能であるが、失われた環境をある程度取り戻すことはできる。

交通権と地球環境の保全――日本の場合

ここでは日本の場合と対照させることにより、今後の日本の交通計画や都市整備のあり方を検討していきたいと思う。

日本でもフランスに遅れること約三〇年、二〇一一年の三月に交通基本法が閣議決定された。しかし翌年末の総選挙で政権が民主党から自民党に移ったため、

生物多様性を保全するため、道路などに転用された自然を同じ性格の自然で補償するノーネットロスが行われる。

*井田徹治『生物多様性とは何か』岩波新書、二〇一〇年

この法律は廃案となり、結局今にいたるまで国民の移動できる権利を保障する法律はない。もっともこの廃案となった交通基本法にしても、交通権については明記されていなかった。すでに述べたようにフランスでは、一九八二年に「国内交通基本法」を定め、国民が容易に、安い費用で、快適に移動できる権利を交通権として認めた。日本でこのような交通権が認められていないことは、各自が交通手段を確保しなければならないことを意味している。

交通についての自助努力。大都市圏なら公共交通が発達しているため、このようなことを考える必要はない。しかし公共交通が発達していない地方都市、あるいはまったく欠如した農村部ではクルマに依存せざるを得ず、そしてすべての人がクルマを買えるとは限らない。日本では生活保護者の数が年々上昇し、二〇〇万人を超えた現在、公共交通が発達していない地方や農村部ではクルマなしでどう生活していくのだろうか。ディジョン市の都市交通計画で公共交通の必要性を述べた際、交通費は節約できず、また貧しい人たちほど大きな影響を受けると指摘していたことを思い出す必要がある。

たとえクルマを持っていても、高齢になると運転できなくなる。そして高齢になるほど病院に行くことが多くなるので、地方に住み公共交通がない場合、クルマを運転できない高齢者は誰かに乗せてもらうか、タクシーを利用するほかはない。また地方都市では、中心市街地の空洞化が進み、郊外の大型店まで出かけないと買い物ができないことが多い。このため今後中心地に残された高齢者は、買い物難民になりかねない。高齢者というとすぐに年金や介護が話題にのぼるが、今後は中心市街地に取り残された人々や農村部に住む人々の移動をどうするかが大きな問題になってくるだろう。

日本では交通権だけではなく、フランスの都市交通計画(PDU)のような交通に関する文書を作成することも、交通と都市計画を結びつけて計画することも行われない。このため自治体が交通に関して行うことは、せいぜい都市計画法にもとづき都市計画図により今後建設する道路を示すくらいである。この道路に関しても、クルマが通ることを前提としており、せいぜい歩道が側に設置されるくらいである。フランスのように道路の使い分けを考え、クルマだけでなくトラムやバスなどの公共交通、自転車道や歩行者路を合わせて計画することはない。

また交通に関してクルマの出す二酸化炭素、ひいては地球温暖化という問題と結びつけて考えることもほとんどない。日本は京都議定書が採択された国であり、多くの人が地球温暖化や温室効果ガスについて聞いたことがあるに違いない。しかし日常生活においてこれらを意識することはほとんどなく、クルマに乗る際に「二酸化炭素の排出量を削減するため公共交通を利用した方がいいのでは」などと考える人はほとんどいないだろう。

このようななか、日本でもようやく二〇一二年に「都市の低炭素化に関する法律」が制定された。作成されたばかりで実際の運用はこれからであるが、フランスの地域気候変動エネルギー計画（PCET）と対応するような制度ができたことは喜ばしい。ここでその内容を検討したい。

第二条では、都市の低炭素化を「都市における社会経済活動その他の活動に伴って発生する二酸化炭素の排出を抑制」と定義している。そのため「低炭素まちづくり計画」を作成すると述べられ、具体的な対応としてイからチまでの八項目を設定している。この八項目のうち、最も重要と思われるのは以下の項目である。

イ　都市機能の集約
ロ　公共交通機関の利用の促進
ハ　貨物輸送の共同化
ニ　緑地の保全と緑化の推進
ヘ　建築物のエネルギー効率性と二酸化炭素排出の抑制

これをみると、地域気候変動エネルギー計画というよりも連帯都市再生法の基本的な考え方に類似している。すなわち市街地の拡散を抑制することで都市の再生と高密度化をはかる、農地や自然を保全する、交通と都市計画を結びつけるといった連帯都市再生法の基本理念を、この低酸素化に関する法律は共有している。

しかしながら地域気候変動エネルギー計画のように、市町村におけるクルマの抑制を提示し、具体的に二酸化炭素の削減目標を表すことは定められていない。

特に疑問に思うのは、この法律がフランスの地域気候変動エネルギー計画のように、上位計画として市町村の都市計画あるいは公共交通の整備に反映されるかということである。具体的な二酸化炭素の削減目標も設定されず、都市計画法を通して市町村に指示をすることもないなら、絵に描いた餅に過ぎないのではないかと思う。

むずかしい市街地の高密度化——足利市の交通事情

日本の地方都市の交通事情を考えるため、ディジョン市と同規模の地方都市である筆者の住む栃木県足利市の場合を述べたい。足利市は栃木県の南西部にあり、人口はディジョン市とほぼ同じ約一五万五、〇〇〇人である。

日本に交通基本法はなく、またフランスの都市交通計画(PDU)のような市町村が作成する交通計画に関する文書もない。このため足利市では、市のマスタープランに述べられた交通に関する方針を参照しながら交通計画を行っている。

足利市では民営の路線バスはなく、市の運営する生活路線バスが八路線ほそぼそと走っているだけであるが、これは日本の地方都市ならどこでも同じようなものだろう。最も多い路線で一日一三便であるから、日中ほぼ一時間に一本である。路線については、東武鉄道の駅、JRの駅、日本赤十字病院、大型ショッピングセンターの四つの生活拠点とそれ以外の地域を結ぶことを考慮して決定された。

生活路線バスの利用者数は平均して、一か月で一一、〇〇〇人である。これに対しディジョン市の路線バスの利用者は一か月三〇〇万人であり、実に三〇〇倍近い差がある。ディジョン市のバスの利用者が年間三、六〇〇万人と書いてあるのを見て、何かの間違いではないかと思ったのも、このような日本の地方都市の公共交通のあり方を当然のように受け取っていたためである。

足利市だけでなく日本の地方都市では公共交

通が発達していないため、クルマなしでは生活できなくなっている。買い物にしても、クルマで郊外にあるショッピングセンターに行くのが一般的である。足利市のショッピングセンターにも生活路線バスが七路線通っているが、ほとんどの客はクルマで来るので周囲に広い駐車場がある。この駐車場は最も客の多い土日の午後を想定して計画されているため、ウィークデーには空きの多い無駄なスペースとなっている時間が圧倒的に多い。土地の狭い日本で、このような一定の時間駐車させるだけの空間を用意する意味がどれほどあるのだろうか。

　ディジョン市のような公共交通の利用できる都市と足利市のようなクルマに依存する都市との差は、都市形態、さらに正確に言うならば市街地の密度の違いにある。人口一五万人でも密集して住んでいる都市なら公共交通は発達するし、逆に人口が分散しているなら公共交通の提供は難しい。足利市で公共交通が発達していないのは、低密度の市街地が拡散して形成されているためである。

ショッピングセンターには広大な駐車場があるが、土日以外は無駄なスペースとなっている。

　日本の統計に、人口集中地区（DID）という概念がある。これは一九五二年の大規模な市町村合併の結果都市と農村の区別が曖昧になったため、一九五五年の国勢調査から導入されたものであり、一平方キロメートルに四、〇〇〇人以上の居住地が連続して形成され、合計で五、〇〇〇人以上となっている地域を表す。足利市では人口集中地区の面積は人口を上回って増加し、この結果、次頁の表で示すように、一九九〇年からは本来の定義である一平方キロ四、〇〇〇人を下回っており、人口集中地区とは言えない低密度の市街地が拡大している。実際に市内を見渡しても、かつての中心市街地はシャッター通りと呼ばれる人口が流出する地域になる一方、郊外では幹線道路沿いには建物が並んでいるものの、その背後には田畑や空き地が広がり市街地と農村部が混在する空間となっている。このような低密度の地域が広がっていては、バスの利用者が減少し、採算が取れなくなるのは当然のことである。

フランスでは二〇〇〇年に連帯都市再生法が成立し、従来の市街地が郊外に拡張することを抑制し、既存の市街地の再生や高密度化を行うことが都市計画の指針とされた。これに対し日本では、地方都市をみればわかるように中心地は空洞化する一方、郊外には低密度の市街地が拡散している。このような都市形態のあり方を最もよく反映するのが、公共交通であると言えよう。

足利市の人口集中地区（DID）の経年変化（国勢調査より作成）

年度	1975	1980	1985	1990	1995	2000	2005	2010
DID人口（人）	78,771	80,056	78,462	94,020	94,000	94,700	94,541	91,768
DID面積（㎢）	16.1	17.6	17.6	22.2	23.9	24.5	25.1	25.3
DID密度	4,893	4,549	4,458	4,235	3,940	3,865	3,771	3,624

第二章　都市再生が自然を守る盾

2

都市の上に都市をつくる——連帯都市再生法

フランスでは、二〇〇〇年に連帯都市再生法という変わった名の法律により、三三年間続いた土地基本法による都市計画制度は大きく変わることになる。住む、移動する、都市に生きるという基本問題を再検討することにより、これまでの都市計画の制度を根本的に変える発想で策定されたのがこの法律である。

まず都市再生(renouvellement urbain)であるが、これは、日本で一般に考えられるような都市再開発とは意味が異なる。都市再生とは、市街地の郊外への拡散を抑制するため、既存の都市空間を再生させることであり、都市計画による環境問題への対応である。

これまではフランスの都市計画制度でも日本と同様、郊外への市街地の拡張を容認してきた。これは取りも直さず郊外の農地や自然が都市的に利用されることであり、緑地が損なわれることであり、自然への負荷が増すことである。また土地利用の専用化というゾーニングの原則を適用した郊外の住宅地では、都市中心部への通勤はもとより買い物や各種サービスのための移動も必要になり、この移動にクルマを利用すると二酸化炭素排出量が増加し、地球の温暖化が進行することになる。また大気汚染による健康の問題もあるうえ、石油資源が消費されることは言うまでもない。加えて新たに市街地をつくる際には、水道や下水道、さらには

市街地の未利用地(dents creuses, espaces interstitiels)を活用する。

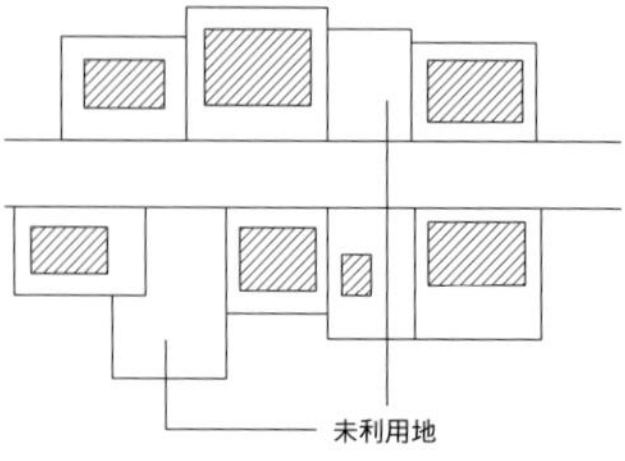

市街地の分散を防ぐ。基幹道路沿いの分散した都市化(mitage)を規制する。

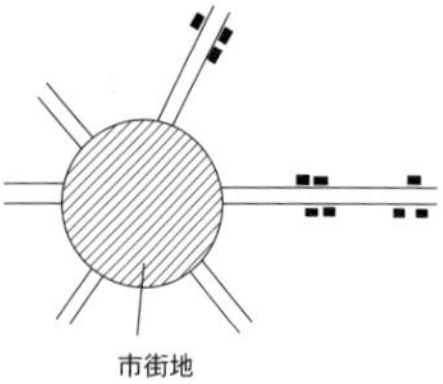

電気やガスの配線、配管によるインフラの整備により資源が浪費されるうえ、設置コストもかかる。

このような環境に対して負荷の多い都市のあり方を変えるには、すでにある都市空間の再構築を行う、いわば「都市の上に都市をつくる(la ville sur la ville)」ことを考える必要がある。要するに都市自体のリサイクルを行うことにより、郊外への市街地の拡張を抑制し、既存の農地や自然を保全するという考え方であり、このような意味での「都市再生」である。中心市街地にすでに存在する道路、水道、電気などのインフラはもとより、商業をはじめ教育、医療、文化施設などの都市ストックを利用することにより、新たな市街地を建設する際に生じる自然の損失や資源の浪費を防ぐことができる。

近代都市計画の反省——ソーシャルミックスとゾーニング

連帯都市再生法には、都市再生はともかく、「連帯」という都市計画にはなじみのない語が含まれる。

フランスでは一九六〇年代、ベビーブームに加え植民地のアルジェリアを失ったため、ここから多くのフランス人が母国に帰還することになる。このため大量の住宅が必要とされ、これに応えるため近代都市計画の理論が適用された。この結果多くの都市の郊外に、ル・コルビュジエの提唱する太陽、緑、空間が十分確保された、大規模な団地が建設された。しかし日本の団地と同様、類似したタイプの低家賃の住宅が大量に供給されたため、同じような階層、同じような家族構成の人々が住み着く単調な住宅地にならざるを得なかった。

経済的に余裕のある階層から順に団地から出て行った後、貧しい人々が取り残され、ここにかつて植民地だったアフリカの国々から移民が住み着くようになる。この結果郊外の団地はスラムと化し、貧困、失業さらにはドラッグが蔓延し、暴動もたびたび起こるようになった。いわゆる郊外問題と呼ばれるようになる社会問題の発生であり、団地は社会的に疎外された人々の住む場所の象徴となる。これは移民や人種さらには宗教などの問題もあり、決して都市計画だけの問題ではなかったものの、それでも住むだけという単一機能に特化した単純な形態の団地をつくり出した近代都市計画理論の課題を顕在化させることとなった。このような用途別のゾーニングの問題点については、すでにジェイン・ジェイコブズがアメリカの大都市を例にして指摘していたが、フランスではこの問題が団地を通して理解されるようになったわけである。*

したがって連帯とは、このような社会的に疎外された人々が特定の地域に押し込められないようにする、さらには多様な人々が集まって住むことで社会的に連

太陽、緑、空間のある団地。一九六〇年代、太陽・緑・空間という近代都市計画理論により各地で団地が建設された。

*ジェイン・ジェイコブズ『アメリカ大都市の死と生』(山形浩生訳)鹿島出版会、二〇一〇年

帯するという意味を持っている。その具体的な対応が、様々な階層や年齢あるいは家族構成の人々が集まって住むソーシャルミックス（mixté sociale）であり、連帯都市再生法はこの課題への対応という役割を持っている。

また連帯都市再生法では、地球温暖化の大きな要因であるクルマへの依存から脱却するため、移動の少ない都市のあり方が提示された。すなわち近代都市計画の原則である、住宅地、業務地、工業地などのような土地の用途別のゾーニングと各ゾーン間を移動するという都市像から脱却し、土地利用における複合的機能を考え、職住近接さらに商業も備えた、移動の少ない都市をつくることが目標とされた。フランスでは歴史的に、建物の一階を店舗に、二階以上をアパルトマンと呼ばれる住居として利用することにより、職住の備わった市街地が都市壁の中に形成されてきた。近代都市計画はこのような稠密で、複合的な機能の都市空間を否定したが、現在あらためてこのような伝統的な街のあり方が見直されている。

法制度の遅れを取り戻す

一九八七年に国連において持続可能な開発の概念が表されてからちょうど一〇年後の一九九七年、ヨーロッパでEU条約が調印された際、この考えが「持続可能

住居や商業など機能が複合した伝統的な市街地が見直された。

な開発の原則」として取り入れられた。こうしてフランスはもとより、EU各国とも都市計画において環境を重視した開発を行うことが求められるようになる。なおこの年には、よく知られている通り第三回地球サミットが京都で開催され、京都議定書として知られる温室効果ガス削減のための数値目標が決められている。このような状況のもと、環境先進国として知られていた北欧の国々に対して遅れていたフランスでも、ようやく二〇〇〇年の連帯都市再生法により持続可能な開発や整備を目標に掲げた都市計画制度が誕生することとなる。

フランスではこれまでの遅れを取り戻すかのように二〇〇〇年以降、次々と環境保全を目指す法制度が施行される。まず二〇〇三年の都市計画住居法により、広域統合基本計画と地域都市計画プランの持続可能な開発整備構想（PADD）が、それまでの説明書の一部から独立した文書となる。また二〇〇五年には環境アセスメントが制度化され、都市交通計画（PDU）や広域統合基本計画において環境アセスメントが導入される。そして二〇〇九年と二〇一〇年の環境に関するふたつの環境グルネル法は、都市計画の制度にも大きな影響を及ぼす。

環境グルネル法は都市計画に対して、郊外への都市化のさらなる抑制、地球温暖化に対する対応と省エネルギー、生物多様性の保護、持続可能な整備事業を求めている。これらは連帯都市再生法で打ち出された方針とほぼ重なるが、環境グルネル法はより具体的な措置を取るよう指示している。たとえば低密度の市街地の郊外への拡張、いわゆるスプロールを防止するため、都市空間の高密度化を指示している。これは単なる行政的な表現にとどまらず、住戸密度により示されるもので、市町村に対して具体的な数値目標を設定することが命じられる。したがってフランスでは一定の密度の都市が建設されるようになるわけで、国策として都市のあり方が決められることになる。

連帯都市再生法は環境に配慮して作成されたため、文書にもこの思想が反映している。この法律により、広域のマスタープランとして広域統合基本計画（ＳＣＯＴ）が、市町村の都市計画として地域都市計画プラン（ＰＬＵ）が法定都市計画として制度化された。そしてどちらにも、持続可能な開発整備構想（ＰＡＤＤ）という名称の文書が作成されることになった。日本の都市計画の報告書などにも官民を問わず、「持続可能な」という言葉がなかば流行語のように用いられるが、このＰＡＤＤでは後述するように郊外化の抑制、クルマへの依存の減少、自然や農地の保存など連帯都市再生法で掲げた環境保全の理念を具体的に表すことが求められている。

フランスの都市計画制度において、日本の都市計画法にあたる法律は都市計画法典であり、広域統合基本計画と地域都市計画プランもこの法典で述べられる。両者は一体のものとして扱われ、両者に共通の役割として、都市計画法典[L.121-1]において以下の三つの方針が示されている。

まず「1　持続可能な開発のため、都市の開発や再生とこの影響を受ける自然や農村部の保全との均衡を保つ」ことが述べられる。これは一般的な原則であり、日本の役所やコンサルタントが作成する文書などでも見かける表現である。これは以前からある方針であり、次のふたつが、二〇〇〇年の連帯都市再生法により新たに加えられた方針である。

「2　居住地における都市機能の多様性とソーシャルミックスを、商業や文化、教育、スポーツなど様々な施設とともに確保する。この際、就業と住居および交通手段と水の管理を検討する」と述べられている。ここにおいて、「連帯」で表される多様な住宅を供給するソーシャルミックスが表され、郊外の団地に象徴される社会的疎外に都市計画として対処することが述べられている。それとともに近代都市計画の原則とされてきたゾーニングによる土地利用の専用化が否定され、複合的な土地利用により多様な都市機能をもつ都市を目標にすることが表されている。これはまた単一機能に特化したゾーン間の移動を少なくすることを目指すものでもあり、都市計画と交通計画を結びつけている。

「3　土地の節約、自動車交通の抑制を行うとともに、大気や水質、緑地、生物多様性などを保全する。また自然・都市景観、文化遺産の保存や災害や公害の防止をする」と述べられている。交通法典と同様に都市計画法典において、はっきりと自動車交通を抑制すると述べられており、日本とは大きく異なっている。しかも都市計画についての法律でありながら、土地の節約とともに自然環境の保全や生物

分散化した都市化はクルマへの依存を大きくするため、規制が強く求められる。

多様性にも言及している。

生物多様性を都市計画に要請

日本では環境保全というと温暖化の原因となる二酸化炭素の抑制、あるいは大気や水質の保全を思い浮かべるようであり、生物多様性は別の分野のこととして受け取られているようである。しかしフランスでは、都市計画法典において環境保全の一環として生物多様性を維持することが都市計画の役割として述べられている。この点日本の都市計画法では、自然環境の保護や生物の多様性などについてほとんど述べられていないのとは対照的である。ただ日本でも、役所やコンサルタントの作成する都市計画についての文書などでは、自然保護や環境の保全という抽象的な理念はよく見かける。しかし自然環境の保護とは、自然の中にある生態系を護ることであり、具体的には多様な動物相(fauna)と植物相(flora)を保全することである。フランスでは都市計画法典において、自然保護の原則を謳うだけではなく、より具体的に市街地の拡張を抑制することにより生態系や生物多様性を保全することが都市計画の目的として表されている。

なおフランス都市計画法典で述べられている生物多様性とは、レッドリストに掲載されるような絶滅危惧種の動植物、あるいはラムサール条約の対象地のような貴重な自然に生息する生物を表すものではない。フランス各地の市町村で日常的に見られる動物相と植物相を意味している。

日本では大都市の郊外や地方都市で、昆虫をめったに見かけなくなった。筆者は今も生まれ育った足利市に住んでいるが、現在では蝶、トンボ、蝉、カブトムシなどを日常で見ることは稀である。このような昆虫たちは消え去りつつあるわけであり、足利中心部の生物多様性が失われたことを表す。その原因が、都市化の進展により昆虫類の棲息していた自然あるいは農地が失われたことにあることは言うまでもなく、これは日本はもとより世界中どこでも都市化が進展している地域で認められることである。フランスでは、このような事態を防ぐことが都市計画の目的として法的に提示されている。

この生物多様性の保全は、環境グルネル法により都市計画に対して要請された。環境グルネル法は、生態系の連続性を維持するため都市部における並木道や緑道などのグリーンベルト(trame verte)あるいは河川や運河の通るウォーターフロントをブルーベルト(trame bleue)として保全する、あるいはつくり出すことを求めている。このようなグリーンベルトとブルーベルトにより都市に自然を貫入させることで自然との連続性を確保し、生物多様性を保全することが、都市計画に求められる。このため広域圏を対象とした広域統合基本計画(SCOT)でも市町村の地域都

ブルーベルトと呼ばれる運河や河川。都市内の水路や運河はブルーベルトとして生態系を連続させるものとして重視される。

市計画プラン(PLU)でも、生物多様性維持のための具体的な対応が述べられることになる。

なお世界で、豊かな生物多様性が危機にさらされている地域はホットスポットと呼ばれる。このようなホットスポットに指定された地域が世界に三四か所あり、意外と知られていないがそのうちのひとつが日本である。[*]それにもかかわらず、日本では都市計画法において生物多様性の保全について言及されることはない。これに対しホットスポットではないフランスにおいて、都市計画の目的として生物多様性を保全すること、そのために市街地の拡張を規制することが命じられている。このことを考えるなら、環境保全における日本の都市計画の遅れを感じざるを得ない。

*前掲書〔四九頁参照〕

広域統合基本計画(SCOT)にみるフランスの強い意志

連帯都市再生法による都市計画制度のもうひとつの大きな改正点は、広域圏のマスタープランである広域統合基本計画(SCOT)に第三者に対する拘束力が与えられたことである。それまでの広域圏のマスタープランである都市基本構想(Schéma Directeur)は作成が任意であるうえ、市町村の土地占有計画(POS)に対する拘束力もないため、単なる参照用の文書とされていた。これと比べるなら広域統合基本計画には格段に大きな役割が与えられており、広域圏の整備を通して国土全体の市街化を抑制し、持続可能な環境をつくるという国の強い意志が表されている。

広域のマスタープランである広域統合基本計画は、「説明書」「持続可能な開発整備構想（PADD）」「目的方針文書（ディジョンの広域統合基本計画作成時には「総合方針文書」と呼ばれた）の三つの文書から成る。これらの文書の役割は、まず「説明書」により現状の都市空間や自然を分析して、課題を抽出する。これにもとづいて、「持続可能な開発整備構想（PADD）」により整備の基本方針を定め、最後に第三者を拘束する「目的方針文書」により規制内容を確定することになる。日本の都市計画マスタープランと大きく異なるのは、下位の文書、特に市町村の法的都市計画である地域都市計画プランへの拘束力を有していることである。その点、広域統合基本計画の役割は日本のマスタープランと比べ格段に重要である。

説明書については、都市計画法典L.122-2により構成が決められ、八章にすることとされる。一章は現況の分析で、広域統合基本計画と地域都市計画プランに共通する内容を調査、分析することを定めている。二章は他の文書との関係、三章から六章までは環境アセスメント、七章は全体のわかりやすい要約、八章は他の環境に関する文書を参照することが述べられている。

全体の半分を占める三章から六章までの環境アセスメントは、この文書の中核的な役割を果たしている。都市交通計画では環境アセスメントの文書は独立した巻となっていたが、広域統合基本計画では説明書自体の中で環境アセスメントが行われており、広域の整備とその環境への影響評価がひとつのものとして扱われている。環境グルネル法にもとづき、説明書における環境アセスメントは、

・環境の初期の状態
・整備方針の正当性
・整備の環境への影響評価

を述べることになっている。

もともと広域圏のマスタープランの大きな目的は、大ロンドン圏やニューヨーク大都市圏などの計画のように都市の無秩序な拡張を抑制することである。いわゆる成長管理と言われるもので、都市周辺について開発できる範囲を限定することによりインフラや社会資本の効率的利用とともに、自然環境の保護を行うことが目標とされる。これは世界的な大都市だけでなく、一般の都市においても求められていることでもある。このような成長管理では、開発の自然に対する影響を評価することが重要であり、広域統合基本計画のように広域圏のマスタープラン

に環境アセスメントが含まれることは、都市整備の本来のあり方であると言えよう。

持続可能な開発整備構想（PADD）については、都市計画法典R.123-3（Rは施行令を表す）で簡潔に述べられている。すなわち、「住居、経済・レジャー・人と物流の移動、駐車場、自動車交通の規制に関する都市計画の目標を定める」とされている。説明書に比べ、環境についての言及がないのは意外な感じがする。その一方、自動車交通の規制がはっきりと述べられている。

目的方針文書は、市町村の地域都市計画プランをはじめ下位の文書への指示を行う重要な文書なので、項目ごとに検討したい。

SCOTの拘束力——目的方針文書

広域統合基本計画（SCOT）のうち第三者を拘束する文書である目的方針文書については、都市計画法典R.123-3で、以下の五項目が規定されている。

一　都市化と市街地の再構成についての総合的方針

都市の上に都市をつくることを目的にしているため、新たな市街地の形成と既成市街地の再生を区分して扱い、それぞれの地域についての整備方針を述べることを定めている。

二　保全すべき価値の高い自然地域と都市的地域について位置を表す

三　市街地、都市化予定地域と自然地域、農用地あるいは森林地との大きな均衡

このふたつの目的は、土地利用についての基本方針を表すものであり、既成市街地、今後都市化を行う地域、そして保全する自然や農地の三種の土地利用を述べることを指示している。これからわかるように、都市部とともに自然や農地の保全を求めており、広域圏における成長管理を行うことを市町村に指示している。このような土地利用の方針にもとづき、市町村は具体的なゾーニングを行うことになる。

四　以下の目的

・住居の社会的均衡、社会住宅の建設
・都市化と公共交通との統合
・商業や手工業、商業や経済活動を優先して配置する場所
・景観の保全、都市の進入路の保全
・災害の防止

ここには連帯都市再生法で指示された、ソーシャルミックスや都市計画と交通計画の結びつきが表されている。なお都市への進入路(entrées de ville)とは周囲の農村部から市街地に向かう幹線道路のことであり、フランスでもクルマを前提とし

た広い駐車場を備えた店舗が建ち並び、土地が無駄に消費され、景観が損なわれることが多い。目的方針文書により、このクルマの利用がもたらす土地利用の混乱や景観の悪化に対処することが求められる。日本でも、ほとんどのバイパスや基幹道路沿いで広い駐車場と大きな看板のある大型店舗が建ち並び、無秩序な空間となっているが何ら対策が取られていない。これに対しフランスでは、都市計画法典によりこのようなモータリゼーションにともなう基幹道路沿いの都市化に対応することが定められている。

五　公共交通で結ばれた地域で優先的に都市化を行う条件

これは環境グルネル法の指示によるものであり、ゾーニングの際に公共交通の便利な地域を都市化予定区域に設定することを規定している。このように広域統合基本計画は、広域のマスタープランでありながら市町村の具体的なゾーニングの原則までを提示しており、強い指導力のある都市計画文書となっている。

SCOTと下位計画の「調和」

広域統合基本計画（SCOT）で表される広範な環境整備は、とても都市計画に関する制度だけでは達成できない。そこで様々な制度との連携が考えられている。

都市への進入路は土地利用や景観に問題が多く、特に整備が求められる。

まず上位計画として、水関係の制度が位置づけられる。日本の制度には、このような水質保全との言及はほとんどないが、環境グルネル法では水質や水の管理を重視しており、これが都市計画の制度にもそのまま反映している。この水資源の問題は、広域統合基本計画を通して市町村の地域都市計画プランに指示され、雨水の再利用や雨水を地下浸透させるための舗装の制限など具体的な規制手法が定められる。

下位の計画として、部門ごとの計画が位置づけられる。前章で述べた都市交通計画（ＰＤＵ）もそのひとつで、交通権やモーダルシフトなどを考慮した都市交通計画は、広域統合基本計画の下位計画として作成される。また住宅供給に関しては、地域住宅プログラム（ＰＬＨ）が作成される。この文書は連帯都市再生法の中心をなす社会的疎外に対処するもので、広域統合基本計画の指示にもとづきソーシャルミックスを行うため、市町村に対し公営住宅を一定の割合で建設することを定めている。

広域統合基本計画（ＳＣＯＴ）と他の制度との関係（ディジョン広域統合基本計画 説明書、二一〇頁より作成）。

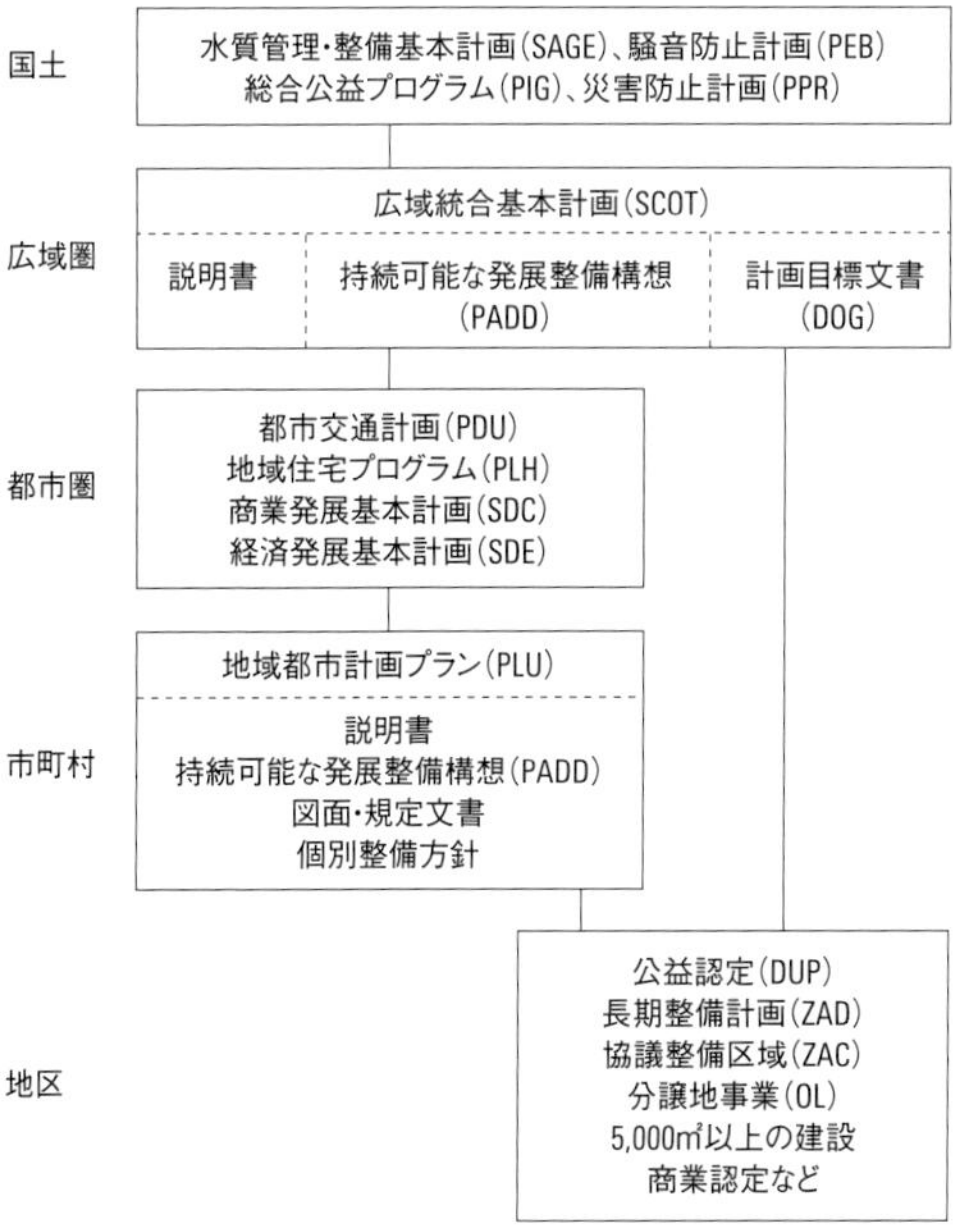

また商業や経済に関する基本計画も作成される。商業に関しては規制の少ない日本では考えられないことであるが、商業の規模や立地が都市計画の観点から規制、誘導される。すなわち郊外に大型店が設置されると、駐車場を含め広い土地が消費される。またここにショッピングに行くためクルマを利用すると二酸化炭素が排出され、地球温暖化の原因となるだけでなく、大気汚染により健康も損なわれる。また大型店の立地により近隣商業は成り立たなくなり、クルマを利用できない高齢者、あるいはクルマを持てない人々は買い物に行くことができない。このような環境保全あるいは公共の福祉のため、都市計画を通して商業を計画的に配置することが求められる。これは見方を変えるなら、社会主義的な考え方である。しかし限りある資源を利用し、環境を保全しようと真剣に考えるなら、商業も計画的に配置するほかはない。

そしてこれら市町村を超えた部門ごとの計画の下位に、市町村の作成する地域都市計画プランが位置づけられる。このように拘束力を有する上位計画として下位の様々な文書に対する方針を表すことで、広域統合基本計画は広域圏全体に関わる環境保全施策を市町村に実施させることになる。

なお下位の計画は、広域統合基本計画と「調和する」(compatible)ものとされる。調和するとは、下位の計画の方針が上位計画の方針や原則と矛盾しないことである。たとえば広域統合基本計画が各市町村に対して住戸密度の最低限度を表すことを数値目標として指示した場合、市町村の地域都市計画プランがこの数値以下の住戸密度を設定した場合には、地域都市計画プランは二年後には無効とされ、広域統合基本計画で提示した住戸密度が適用されることになる。このように広域統合基本計画が数値目標を示した場合には、「調和する」ということについて解釈の余地はなく、市町村はこの指示にしたがうことが求められる。ここに広域統合基本計画の強い拘束力が認められよう。なお、広域統合基本計画自体の設定した住戸密度を低すぎると県知事が判断した場合には、この基本計画を無効にすることもできる。

要するに広域統合基本計画は、既存の都市空間の再生を行うことにより自然環境の保全を行うというフランスの国家としての意思を、強制力をもたせた広域圏のマスタープランを通して表した制度となっている。

フランスの市町村マスタープラン――持続可能な開発整備構想（PADD）

フランスでは、市町村のマスタープランとなる文書について、法的には明確に述べられていない。しかし地域都市計画プラン（PLU）のうち持続可能な開発整備構想（PADD）が都市計画の基本方針を表す文書であり、マスタープランの役割を果たすと考えられている。地域都市計画プランは、以下の文書から成る。

・説明書
・持続可能な開発整備構想（ＰＡＤＤ）
・ゾーニング用図面と規定文書（第三者を拘束する）
・整備方針（第三者を拘束する。現在では「整備計画化方針」と呼ばれる）
・付帯文書（Annxe）

これらの文書の関係は広域統合基本計画（ＳＣＯＴ）の場合と同様で、説明書により現状の土地利用や人口、住宅、産業、環境など都市計画に関するあらゆる要素が分析され、都市計画の方針を表すＰＡＤＤが作成される。これにもとづき、第三者を拘束するゾーニングを表す図面と規定文書が作成される。また必要に応じて、特定の地区を対象とした整備を行う整備方針が定められる。この整備方針は第三者を拘束する文書であり、協議整備地区（ＺＡＣ）【第五章参照】もこの整備方針に包摂される。すなわち地域都市計画プランは、従来の規制的都市計画である土地占有計画（ＰＯＳ）と事業的都市計画の協議整備地区を一体化した総合的な都市計画制度になっている。

ＰＡＤＤは、二〇〇〇年の連帯都市再生法により制度化された。当初は独立した文書ではなく説明書の一部であり、ＰＡＤＤの部分に関してのみ第三者への拘束力を付与されていた。しかし都市全体の整備方針を表す文書をもとにして、個別の開発や建設が合致しているか判断することは難しく、各地で大きな問題が生じることとなった。この結果二〇〇三年の都市計画住居法により、ＰＡＤＤは独立した文書になるとともに、第三者への拘束力は取り消された。

現在のＰＡＤＤに関しては、都市計画法典のL.123-1とR.123-3により「市町村全体を対象とした整備と都市計画の総合的方針を決める」と述べられている。この表現からも、この文書が市町村のマスタープランとしての性格を有していることが理解される。

ＰＡＤＤの内容として、R.123-3により以下の六項目を表すことが求められている。

一　既成市街地の保存や再生

二　地区や街区、建物などの修復や事業、非衛生への対応

これらは連帯都市再生法の名称にも含まれる都市再生を反映した内容であり、市街地の拡張を防ぐため、既存の都市空間の再利用が最初に述べられている。

三　保存、修正、あるいはつくるべき道路、歩行者路、自転車道や公共空間への対応

道路とは別に、歩行者路と自転車道に言及されているのは、広域統合基本計画と地域都市計画プラン共通の目的として自動車交通の抑制が述べられていたことを

反映している。このように歩行者路や自転車道の整備により、クルマへの依存を低下させることを市町村の都市計画の方針とするよう求めており、その名称の通り持続可能な開発整備を指示する文書となっている。

四　地区の商業の多様性を確保するための整備事業や活動

地域都市計画プランの上位計画である商業や経済に関する基本計画にもとづき、商業を都市計画に位置づけることを述べている。フランスでは自由経済の原則とともに公共性が重視されており、商業も都市計画の規制下におかれるので、このような方針が法制度として提示される。日本でもこのように都市計画の点から商業を配置できるなら、中心地の空洞化や郊外の基幹幹線沿いの大型店舗の立地などもコントロールすることができよう。

五　都市への進入路の保全

六　景観を保存する対策

これは上位計画である広域統合基本計画のうち目的方針文書でも述べられた項目であり、クルマが幹線道路沿いの土地利用や景観を混乱させるので、対応が必要とされることを表している。

このように市町村のマスタープランの役割を果たすＰＡＤＤは、以上述べたような六項目の具体的な内容を含む文書となっている。これらの内容にもとづき、市町村はマスタープランの役割を果たすＰＡＤＤを作成することになる。

住民参加を求めていない「都市マス」

日本のマスタープランは新しい制度である。市町村マスタープランが都市計画法により制度化されたのが一九九二年、この上位計画になる都市計画区域マスタープランはその八年後の二〇〇〇年にできている。ここまで述べてきたフランスの広域統合基本計画（SCOT）に相当するのは、やはり広域を対象とした都市計画区域マスタープランの制度となる。

都市計画区域マスタープランは「都市マス」の通称で呼ばれており、正式には都市計画法の第六条の二で「都市計画区域については、都市計画に、当該都市計画区域の整備、開発及び保全の方針を定めるものとする」と述べられている。都市マスの内容については、たったの三行、

一　区域区分の決定の有無、区域区分を定める方針

二　都市計画の目標

三　主要な都市計画の決定の方針

と定められている。

また、都市マスは都市計画区域を対象としている。これは行政区域としての市町村を越えて連続して形成されている区域ではあるが、農村部、自然地域、山間部など都市計画区域から除外されている地域は対象にはならない。また都市計画法は、都市マスと市町村の行う都市計画について共通した役割を述べていない。都市マスと市町村マスタープランとの関係については、「即する」と理解されている。国土交通省の担当者も参加して作成された日本都市計画学会の『都市計画マニュアル　1　都市計画の意義・マス

タープラン』では、即するとは「大きな道筋において適合していること」と説明されている。いずれにせよ都市マスは抽象的な構想や方針を示すだけなので、実際の都市計画ではどうにでも解釈可能であるし、そもそも拘束力が都市マスには与えられてないので、適合していようと適合していまいと何ら問題はない（図参照）。

ここでSCOTとの比較をするなら、都市マスは誰が作成するのかさえ述べられておらず、当然住民参加など一切言及はない。この点、市町村の代表や住民など広範な人々が長い期間討議して作成するSCOTとは大きく異なっている【第三章参照】。また都市マスは、作成が任意であるうえ、市町村の都市計画に対する拘束力も付与されていない。一方フランスでは、下位計画である

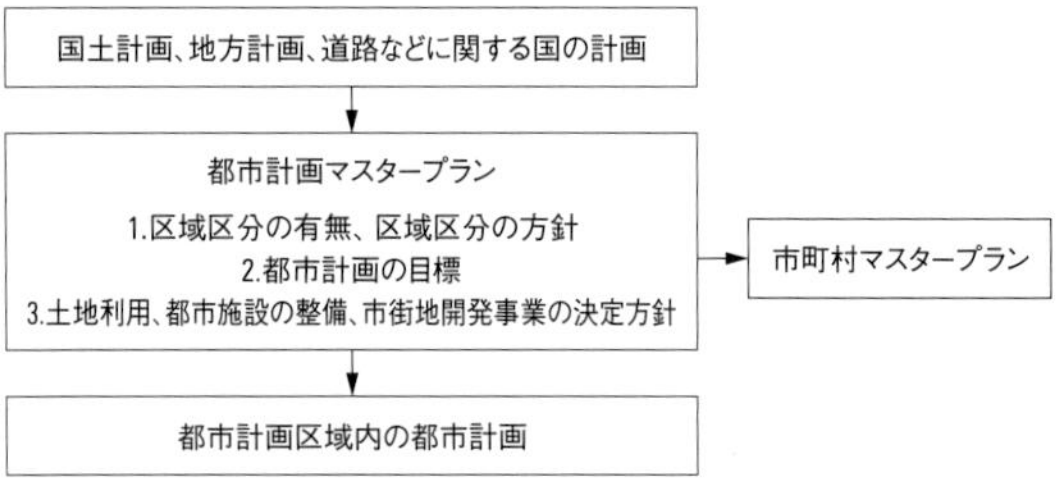

都市計画法によるマスタープランの位置づけ（日本都市計画学会編『実務者のための新都市計画マニュアルI　都市計画の意義と役割とマスタープラン』丸善、二〇〇二年、一四〇頁より作成）

市町村の地域都市計画プラン（PLU）はSCOTに「調和する」ことが求められ、県知事は調和していないと判断した場合には、PLUを無効にすることもできる。ここに日仏の広域のマスタープランにおける、拘束力の差が明瞭に認められる。

そもそも、都市マスは、市町村を越えた都市計画区域のみを対象として作成される。ということは対象となる市町村は一定の組織を構成して、この連続した区域を対象とする都市計画の文書を作成する必要がある。ところが都市計画法はこのような組織はもとより、作成主体についても一切述べていない。日本では市町村合併は行われても、フランスのように市町村が集まって組織や団体を形成することは制度的にも歴史的にもないため、連続した都市計

画区域を対象とした組織をつくることもできない。対象となる市町村の参加がなくて、どうして広域のマスタープランを作成することができるだろうか。フランスの広域統合基本計画が市町村の代表や住民など広範な人々により長い期間討議されて作成され、下位の文書に対する拘束力を備えていることと比べるなら、都市マスの重要性は格段に低い。

具体性に乏しい日本の市町村マスタープラン

日本において市町村の行う都市計画の指針となるのは、一九九二年に都市計画法に加えられた市町村マスタープランである。

この市町村マスタープランは通称であり、都市計画法第一八条の二において「市町村は……当該市町村の都市計画に関する基本的な方針（以下この条において「基本方針」という。）を定めるものとする」と述べられている。ただし基本方針の作成範囲については、都市計画区域でも、行政区域でもよいとされる。また基本方針も作成が任意で、拘束力が付与されていない点では、都市マスと同じである。ただし都市マスとは異なり、「公聴会を義務づけ住民参加を保証するとともに、これを公表する」と述べられており、より作成に透明性をもたせている。

市町村マスタープランと通称される基本方針の役割として、「市町村が定める都市計画は、基本方針に即したものでなければならない」と法律上は定められている。しかし基本方針の内容について、都市計画法ではまったく述べられていない。ただし基本方針の内容として、先に挙げた都市計画マニュアルでは「都市計画の目標、全体構想、地域別構想の三つを基本とする」と述べられている。

これに対しフランスでは、市町村の都市計画についてマスタープランの役割を果たす持続可能な開発整備構想（PADD）において、既成市街地の保存から景観、あるいは都市への進入路の保全など六項目を述べることが都市計画法典により定められている。日本でも、たとえ拘束力がなくても基本方針にマスタープランの役割を求めるなら、このような具体的な内容を表すことが望まれよう。

第三章　都市計画で二酸化炭素を減らす

3

都市計画に何ができるか

フランスの都市計画を二五年以上研究してきて、日本との違いに驚くことが多い。しかしディジョン市の広域統合基本計画（SCOT）の説明書にあった二枚の表を見たときほど驚いたことはない。

ディジョン市の広域圏では、今後一〇年間の人口推計と世帯構成の変化により二八、〇〇〇戸の住宅が必要であると予想される。この住宅をどこに建設するかにより、二酸化炭素の排出量は大きく異なる。すなわち住宅が建設されると、ここに住む人々がクルマを購入し、クルマを通勤や買い物などに利用することで、二酸化炭素が排出されることになる。

上表は、住戸二八、〇〇〇戸がこれまでのトレンドにもとづいて今後一〇年間にどこに建てられるか予測したもので、ディジョン市から郊外に離れるほど多く建設されることになる。この結果郊外の住居から雇用の多い中心地への通勤やショッピングなどにクルマを利用するためクルマへの依存は高まり、二酸化炭素の排出量も二六、一五七トンに達する。こ

二酸化炭素排出量の予測・住宅建設を規制しない場合

	住宅数（戸）	就業者数（人）	自家用車数（台）	走行距離（km）	二酸化炭素排出量（トン）
ディジョン	2,000	2,200	1,232	12,320	464
都市圏	9,000	9,900	8,168	163,200	6,147
それ以外	17,000	18,700	17,298	518,940	19,546
SCOT全域	28,000	30,800	26,698	694,460	26,157

二酸化炭素の排出量の予測・計画的に住宅建設を行う場合

	住宅数（戸）	就業者数（人）	自家用車数（台）	走行距離（km）	二酸化炭素排出量（トン）
ディジョン	10,000	11,000	6,160	61,600	2,320
都市圏	9,000	9,900	8,168	163,200	6,147
それ以外	9,000	9,900	9,158	274,740	10,348
SCOT全域	28,000	30,800	23,486	499,500	18,814

ディジョン広域統合基本計画（SCOT）説明書、100、101頁より

れに対し前頁の下表は、住宅をディジョン市に多数建設し、郊外の農村部で少なくなるよう計画配置した場合の予測である。ディジョン市では公共交通が発達しているうえ、住宅と職場が近いためクルマへの依存は低下し、二酸化炭素排出量は一八、八一四トンに抑えられる。これは、計画なしに自由に住宅が建てられた場合の約七割である。

この二枚の表は、広域統合基本計画の上位計画である地域気候変動エネルギー計画（PCET）の二〇〇七年版の指示にもとづいている。日本では、官民問わず都市計画の文書などで「持続可能な整備」などと述べられることが多いものの、このように実際に住宅を計画配置することにより二酸化炭素の排出量を減少させることを表した文書は見たことがない。住宅については省エネが叫ばれ、断熱はもとよりソーラーパネルなどの再生エネルギーの利用も行われている。しかし都市計画でも、二酸化炭素を削減することができ、地球温暖化など環境問題に十分対応できることをこの二枚の表は物語っている。

ただしこのように都市計画により環境問題に対処するには、住宅建設や土地利用を厳しく規制、誘導しなければならない。レッセ・フェール（自由放任の思想）で住宅の建設を自由市場に任せていては、環境問題などお構いなしに開発が行われることになる。したがって環境問題への対応には、都市計画制度における規制力や自治体の計画能力が大きく関わっている。この点フランスでは、都市計画の上位計

計画的に住宅地を配置するなら二酸化炭素の排出量を抑制できる。

画である地域気候変動エネルギー計画により二酸化炭素を削減する方策が表される。これにもとづき拘束力のある広域統合基本計画（SCOT）により、広域圏を構成する市町村に対し住宅を計画的に配置することが指示され、環境を保全するための都市計画が行われる。こうして持続可能な開発整備ということが決して文書の上でのうたい文句でなく、実際の都市計画において実現される。

本章では広域圏のマスタープランによる、都市計画における地球温暖化対策をはじめとする環境保全について検討していく。

フランスの自治体の仕組み――市町村と連合体

ディジョン市を対象とした広域統合基本計画（SCOT）の作成について述べる前に、フランスの地方自治体について説明しておく。

フランスでは日本の市町村にあたる自治体は、人口規模にかかわらずすべてコミューヌと呼ばれる。本書では、わかりやすいように市町村と表記する。フランスでは市町村合併を行わないため、全国に三六、〇〇〇以上の市町村がある。その上に九五の県があり、内務省から県知事が任命される。その一方で選挙により県議会が構成され、独自の予算をもつ。したがって県知事と県議会は日本のように行

フランス自治体の構成

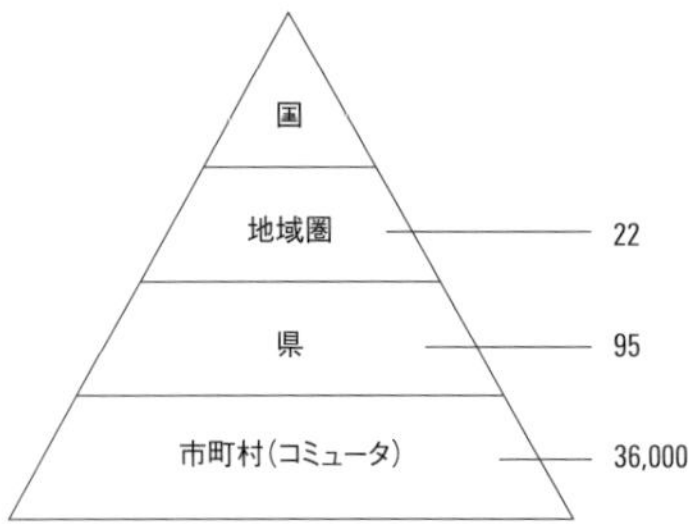

政と立法というよりも、国の代表と県における代表という構図になっている。県の上位に二二の地域圏（レジオン）が配置されている。地域圏は一九五五年につくられた新しい自治体で、おおむね四、五県を束ねて形成される。一応、プロヴァンスあるいはブルターニュといった伝統的な地方の概念にもとづいてはいるが、圏を構成する県の数をほぼ一定にそろえたため必ずしも対応しない地域圏もある。ディジョン市のあるブルゴーニュ地域圏は、前述のようにワインの産地として世界的に有名なブルゴーニュ地方とほぼ対応している。地域圏にも県と同様、内務省から地域圏知事が任命され（地域圏を構成する有力な県の県知事が兼ねる）、地域圏議会が構成される。

以上が行政上の地方自治体であるが、市町村の規模が小さいため実際の都市計画などでは、下図で示すように、市町村の連合体が形成される。この連合体は人口規模により町村連合、あるいは都市圏共同体などと呼ばれ、法律的には市町村間協力公施設法人（EPCI）と総称される。ディジョン市では、二二の市町村がグラン・ディジョンと呼ばれるディジョン都市圏共同体をつくり、都市交通計画（PDU）や地域住宅プログラム（PLH）などの文書を作成するとともに都市計画、水道、下水道、公共交通、公営住宅などの建設や整備を行っている。広域統合基本計画ではさらに広域が対象となり、七つの町村連合とひとつの

コットドール県内の自治体構成

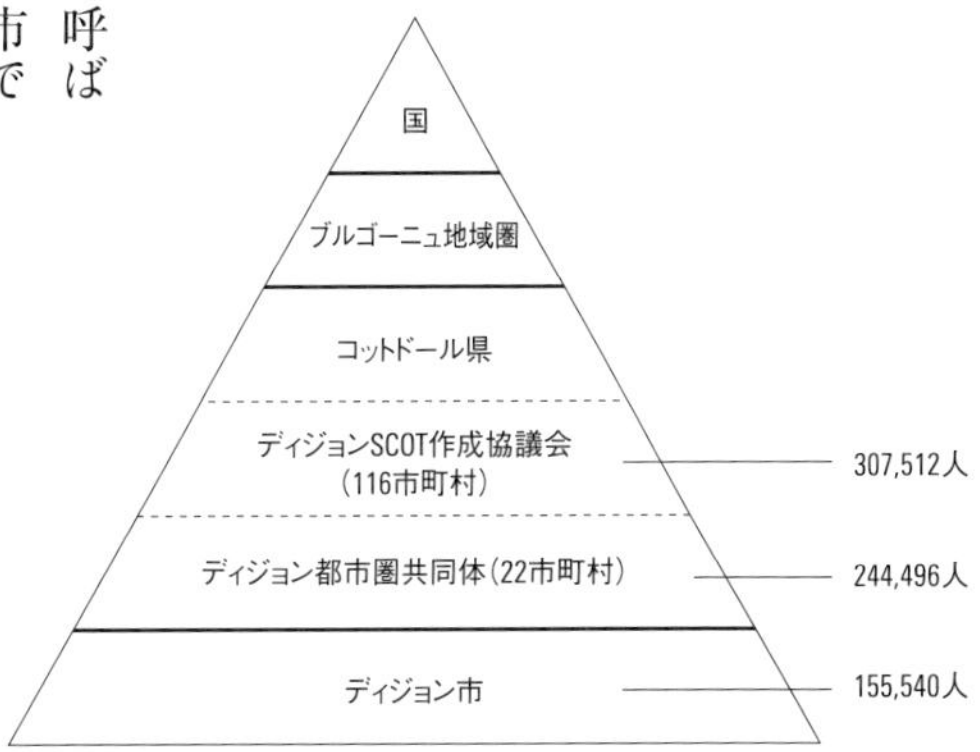

都市圏共同体、合わせて一一六の市町村から成る広域圏を対象としてディジョンSCOT作成協議会（これもEPCIの一種とされる）が構成され、この組織によりこの広域圏のマスタープランが作成された。

当然、ディジョン市は最も大きな自治体で、この広域圏の約半数の人口を占め、また二二の市町村から構成されるディジョン都市圏共同体には広域圏の人口の八割が住んでいる。要するにディジョン市を除くなら、広大な農村部や自然が広がり、わずかな人々が小さな町や村に住んでいるわけである。このような農村部や自然地域に市街地が拡張することを防ぐことが連帯都市再生法の目的であり、SCOTはそのための方針を提示する。

ディジョン広域圏の広域統合基本計画（SCOT）——協議の都市計画

広域統合基本計画（SCOT）を作成するため、市町村間協力公施設法人（EPCI）としてディジョンSCOT作成協議会が組織化された。この協議会には、市町村議会議員、都市圏共同体や町村連合議員、地元組織の代表など約三五〇名が参加し、二〇〇五年七月から二〇一〇年一一月まで五年以上もかけて討議をして、この広域圏のマスタープランを作成している。この間、市町村の担当部局はもとより、県あるいは地域圏に配置された国の部局も計画の作成に協力している。作成された文書は九か所、計一一回にわたる公開意見調査にかけられ、ようやく最終的に承認されている。

このように五年以上もかかるのは、市町村の代表者の広範な意見を反映させるためであり、このためSCOTは協議の都市計画制度と言われる。このように広く住民から意見を聞く理由のひとつは、この文書が第三者に対する拘束力を有するためである。市町村にしても住民にしても、土地利用が規制されるのであれば直接利害に関わるので、真剣に取り組まざるを得ない。これが行政のつくる拘束力のない飾り物の文書なら誰も真剣に参加したり、討議したりしようと思わないし、まともに読むことさえないだろう。

またこのように協議が重視されるのは、訴訟を避けるため広範な住民の参加を保証した制度にも求められる。フランスでは、建設や土地利用は厳しく規制されるが、その反面訴訟も多い。これを避けるため、SCOTの作成には住民との広範な協議の機会が保証されており、この結果作成に長期間を要することになる。

なお作成手順としてまず説明書が作成され、現状の分析と今後の予測を行い、次にこれにもとづき広域整備の方針を表す持続可能な開発整備構想（PADD）が策定された。最後に、PADDの方針にしたがい第三者を拘束する総合方針文書（この文書は現在、「目的方針文書」と呼ばれる）が作成された。

こうして五年以上の歳月をかけて完成したディジョン広域圏のSCOTは、説明書二六四頁、PADD七六頁、総合方針文書一三二頁、合計で四七二頁にもなる大部なものである。これらはすべてディジョン都市圏共同体のホームページにおいて公開され、自由にダウンロードできる。広域圏を構成する一一六の市町村は、この文書、特に第三者を拘束する総合方針文書と「調和して」市町村の法定都市計画である地域都市計画プラン(PLU)を作成することになる。

自然資源の保全を第一とする「説明書」

この大部の文書は、ディジョン広域圏の現状を分析することにより、持続可能な開発整備構想(PADD)で具体的に述べられる整備方針を提示することを目的としている。説明書の構成については前章で述べたように八章にすることが制度で決められている。ディジョン市の文書もこの制度にもとづくが、一章の文書の紹介と一〇章の用語の説明が付け加えられたため、以下の全一〇章となっている。

一章　文書の紹介(四～二五頁)
二章　分析(二六～一一五頁)
三章　環境の現況(一一六～一六二頁)
四章　選択した課題の正当性(一六三～一八四頁)

二章の「分析」は、説明書の約三分の一を占めており、広域圏の地形や自然、人口と住宅、土地利用、交通や経済などに関する分析を行っている。特に環境グルネル法は土地消費――すなわちどれだけの農地や自然が都市化のために利用されたか――を検討することを求めているため、詳細な分析が行われる。このような分析にもとづき、市街地の拡散を防ぎ、土地を節約するための方法が提示される。特に都市再生を行うため、中心市街地にある遊休地や空き地を活用することが優先される（五八頁の右図を参照）。そのほか既成市街地の高度利用により自然や農地への都市スプロールを防ぐ、団地などのリノベーションなど市街地の再生を行う、既存のインフラを利用できる市街地の周囲に都市化区域を設定するなどの方針を指示している。逆に、市街地を拡散させることになる幹線道路沿いの都市化は厳しく規制される（五八頁の左図を参照）。

SCOTは「都市の上に都市をつくる」ことを指示している。これは団地のリノベーションの例である。

制度の通り三章から六章まで全体の三分の一を用いて環境アセスメントが行われる。そこで用いられる評価指標は、以下の六つである。

①自然と生物多様性
②水資源と水の循環
③都市公害、大気汚染、騒音、土壌汚染
④ゴミ処理、廃棄物
⑤自然災害と産業災害
⑥アメニティに貢献する景観や空間

①「自然と生物多様性」の例を紹介すると、広域統合基本計画（SCOT）の整備方針のうち、この評価指標と直接関わるのは都市開発を限定して自然資源を保護する、各市町村におけるクルマを制限する、自然保護を強化して生物の多様性を維持することである。都市交通計画（PDU）における環境アセスメントと同様、SCOTの整備方針が実施された場合の環境への影響に関して、プラス面とマイナス面が評価される。プラスの影響として、河川の保全の強化、生態学的価値の高い空間のゾーニングによる保護、第二章で説明したグリーンベルトやブルーベルトの保存などの新たな保全が行われることを列挙し、SCOTが自然保護に役立

つことを強調している。一方マイナスの影響として、二五、〇〇〇人のための住宅建設による農地や自然空間の減少、またグリーンツーリズムによる生態系への影響を指摘している。

広域圏の整備方針は、このような環境アセスメントに関する章である「四章 選択した課題の正当性」において示される。すなわち整備方法は環境への影響の点から正当化されており、「環境の保全なくして開発なし」という持続可能な開発の理念を体現している。

整備方針として、まず六つのテーマが抽出される。すなわち二五、〇〇〇人の人口増加に対応する住宅の建設、移動の少ない多核的中心地をもつ都市構造、既成市街地の高度利用によるスプロールの抑制、公共交通や徒歩・自転車の利用による二酸化炭素排出量の減少、社会の連帯を表す多様な住宅の供給、自然景観と都市景観の保存と災害の防止の六テーマである。これら六テーマは、以下の三つの整備基本方針に要約される。

整備基本方針一　景観構造を強化し、自然資源を保全する
整備基本方針二　都市計画と交通を結びつける
整備基本方針三　住宅と産業の魅力を高める

整備基本方針の第一が「景観構造を強化し、自然資源を保全する」ことになっていることは、環境がいかに重視されているかを表すものである。広域のマスタープラン、それも拘束力を有した文書が、下位の市町村の都市計画に対して第一に自然資源の保全を求めていることは、日本の都市計画制度との懸隔を表すものである。

また九章の「調査と報告」では、①自然空間の多様性、②土地資源の管理、③水資源の管理、④大気汚染と環境の質、⑤騒音、⑥危険な土地での建設、⑦住宅密度を高める、⑧交通と移動、⑨商工業の九項目にわたり、市町村がSCOTにもとづいて実際の都市計画と整備を行っているか調査をし、報告する方法について述べている。それぞれの項目について、評価指標と用いる統計資料、資料の分析方法、調査する範囲(市町村、あるいは市町村連合や都市圏共同体)、調査対象期間などが示される。市町村はこれら九項目についての報告書(bilan)を六年以内に、SCOTの作成主体であるディジョンSCOT作成協議会に提出することが義務づけられる。したがってSCOTは日本で考えられているようなマスタープランとは異なり、必要に応じて数値目標を定め、市町村によりこの目標が遵守されたか確認する方法までを含む、非常に強制力のある制度となっている。

持続可能な開発整備構想（PADD）——二酸化炭素減少のための住宅配置計画

ディジョン市の広域統合基本計画（SCOT）の持続可能な開発整備構想（PADD）は以下のような構成であり、説明書で抽出された三つの整備基本方針をより具体的に述べている。

一章　序文
二章　持続可能な開発の基本構想
三章　二〇二〇年に二五、〇〇〇人 持続可能なシナリオとは
四章　景観構造を強化し、自然資源を保護する（説明書の整備基本方針一）
五章　交通と都市計画を結びつける（説明書の整備基本方針二）
六章　新たな目標のためディジョン広域圏の魅力の再生（説明書の整備基本方針三）

一章と二章は、PADDの目的の確認であり、四章以下は説明書で示された三つの整備基本方針と対応している。ここで注目されるのは、間に挟まれた三章である。この章は、人口予測にもとづき必要とされる住戸をどこに建設するか述べており、四章以下の整備基本方針の前提として位置づけられている。本章の冒頭で述べたように、住戸をどこに建設するかは、通勤や購買におけるクルマの利用と関係し、これを通して二酸化炭素の排出量が決められるため重要である。

三章では、広域圏の二〇二〇年までの人口増加を二五、〇〇〇人、これに必要な住戸を一二、〇〇〇戸として予測し、この人口を以下のように配置することを提示している（なお世帯構成の変化により、一六、〇〇〇戸の住宅が必要とされ、合計で二八、〇〇〇戸の住宅が必要であると予測している）。

・ディジョン都市圏（二二市町村）一六、〇〇〇人

・それ以外の農村部（九四町村）九、〇〇〇人

さらに人口の受け皿となるディジョン都市圏について以下のように、ディジョンを中心として同心円上に三段階設定している。

レベル1　都市圏中心地ディジョン周辺

レベル2　副次中心地周囲の二町村

レベル3　近隣中心地 周囲の五地区（八町村）

ここで提示された三段階の中心地は公共交通に恵まれており、一定の都市集積がある。この三段階の中心地に住宅を建設して人口を受け入れるなら、市街地が郊外の農村部にスプロールすることを防ぐことができる。またこれら中心地に、住宅とともに商業や公共施設を配置するならある程度自立した生活圏となり、通勤や買い物のための移動を抑制することができる。これら三つのレベルの中心地を公共交通により結びつけることで多核的中心地をもつ都市構造を形成するというのがこの提案であり、クルマへの依存を低くする、あるいは移動そのものを少な

くする都市像が示されている。

この「多核的都市構造」を前提として、説明書で打ち出された三つの整備基本方針が、四章以下で具体的に説明されている。

四章は、説明書で表された整備基本方針一の「景観構造を強化し、自然資源を保全する」ことを具体的に述べている。まず広域圏全体の地形が西部の山や丘、東部の平野そしてワイン生産のためのブドウ栽培地に三区分され、それぞれの地域の景観と生物多様性を保全する方針を提示している。次に生活環境を向上させるため、クルマの利用を制限することにより二酸化炭素排出量を抑制し、大気汚染や温暖化を防ぐことを指示している。また開発による農地や自然の減少を防ぐため、各市町村の地域都市計画プランにおいて土地利用の規制を強化することを指示している。このように自然環境の保全が、クルマの利用の制限あるいは土地利用の規制といった都市計画の課題と結びつけられている点に、持続可能な開発整備を求めていることが認められる。各市町村の地域都市計画プランは、このようなPADDで表された自然保護の方針を具体化することになる。

五章は、整備基本方針二の「都市計画と交通を結びつける」ことについて具体的な方針を示している。この方針は第一章で述べた都市交通計画（PDU）と重なることが多いので、都市計画に関する方針に限って述べることとする。この方針では、三章で提示された多核的都市構造を形成する三段階の中心地を公共交通で結ぶことにより、クルマに依存しなくても生活できる地域とすることを指示している。

六章は、整備基本方針三が意味する「新たな目標のためディジョン広域圏の魅力の再生」について具体的に述べている。最初に新たな住民のため、多様な所有形式、多様な形態、多様な家族人数に対応するソーシャルミックスを考えた住宅の建設が指示され、連帯都市再生法により表された「連帯」の精神を表している。それとともに住宅建設にあたり、既成市街地の空き家や老朽化した住宅の修復を求めており、「都市再生」というこの法律のもうひとつの基本的な理念が体現されている。

総合方針文書――市町村の都市計画を拘束

ディジョン市の広域統合基本計画（SCOT）の最後に作成される総合方針文書は、第三者を拘束する最も重要な文書である。下位の都市計画である地域都市計画プランはもとより、部門別の計画である都市交通計画（PDU）や地域住宅プログラム（PLH）なども、この総合方針文書の規定にしたがうことが求められる。

すでに述べたように、説明書とPADDにより広域圏の整備として、三つの整備基本方針が表された。総合方針文書は、これら三つの方針を下位の文書、特に地域都市計画プランにおいて実施するため、以下のように拘束力の異なる五つの表現を用いている。

①指針（PADDの方針の要約）
②命令（都市計画文書や整備事業を拘束する方針や数値目標）
③勧告（義務づけられないが、望ましいとされる要望）
④他の都市政策文書との関係
⑤下位にある都市計画の文書や他の部門別文書への記載方法

この五つの表現のうち、第三者に対する拘束力を有するのは「②命令」である。この命令には数値目標が示されることもあり、その場合には市町村の作成する都市計画はもとより、交通、住宅建設、商業などすべての計画はこの数値目標にしたがうことになる。また命令では建設方法を表した図まで添付されることもあり、市町村の都市計画に対し具体的な指示を行っている。ここでは拘束力のある「②命令」をもとに、総合方針文書の内容を検討していく。

整備基本方針一は、「景観構造を強化し、自然資源を保全する」ことであり、これを具体化するため、三つの目標が設定されている。

第一目標は、「広域圏の生物多様性と景観のアイデンティティを維持する」ことである。この際、規制力を担保するためゾーニングの原則まで指示している。すなわち生物多様性を護るため、各種の自然保護区域を地域都市計画プランのゾーニングにおいて自然区域（Nゾーン）、正当な理由があるなら農業区域（Aゾーン）にすることが命令として表される。このようにSCOTはマスタープランでありながら、市町村の具体的なゾーニングの指示まで行う文書となっている（ゾーニングについては次章で詳説する）。

第二目標は、「生活環境をよくする」ことである。よい生活環境とは、大気汚染、騒音、水質悪化や産業災害のない環境を表す。特に水問題についての規定が多く、都市化による舗装面積の増加により雨水が溢れ出すことを防ぐため、舗装面積を制限し、雨水の地下浸透を図ることが命令として表されている。舗装面積を制限するようなことは日本の都市計画で聞くことがないが、夏のゲリラ豪雨などの際に下水道が溢れ、床上浸水などの被害が出ることを考えるなら、その重要性を理解できよう。

第三目標は「資源を節約する」ことで、エネルギー、水、土地を対象としている。土地の節約を行うため、住宅の形態についても指示している。住宅は土地を有効利用したコンパクトな形状にするものとされ、市街地では共同住宅、その周囲では三、四階建て、郊外では市街地の拡大を抑制するため、適切な区画に一戸建てを建てることを命じている。したがって日本でよく見られるような一戸建てだけからなる住宅地を市街地につくることは許可されていない。これから、いかに土地の節約が求められるか理解されるとともに、地球環境の保全という目的のため公共性の点から私権を制限していることがわかる。

整備基本方針二は「都市計画と交通を結びつける」ことであり、三つの目標がある。この方針については、すでに第一章の都市交通計画を通して述べているので、ここでは省略する。

整備基本方針三は、「地域の長所を活かし、経済の活性化とアイデンティティを結びつける」ことであり、ふたつの目標が設定されている。

第一の目標は「今日と明日の住民を受け入れる」ことである。PADDにおいて、二〇年後の推計人口を受け入れる三つのレベルの中心地が提示されたが、この人口の受け入れにもとづき二八、〇〇〇戸の住宅建設が指示される。住宅建設ではさらに詳細に、ディジョン市を中心に同心円的に五つのゾーンに区分され、ゾーンごとに建設する住宅数だけでなく、住戸密度まで指示される。このように拘束力をもつ総合方針文書により数値目標が表された場合、広域圏を構成する一一六の市町村はすべてこの基準にもとづいて住宅を建設することが義務づけられる。

	住宅数(戸)	住戸密度(戸／ヘクタール)
ディジョン市	一〇、〇〇〇	七〇
ディジョン市を除く都市圏	九、〇〇〇	三〇～五〇
副次中心地(二町村)	二、五〇〇	四〇

中心地での住宅の高密度化が指示される。

近隣中心地（五か所）	三、五〇〇	二五
それ以外の町村	三、〇〇〇	一二

ここにみるように中心地であるディジョン市に近い地域ほど、高密度で多くの住宅を建設することが命令されている。中心地では公共交通が発達しているうえ雇用も多いので、ここに多くの住宅が建設されるなら、移動の少ない都市をつくることができる。このように農村部での建設は抑制される一方、中心市街地において住宅建設が進められ、人口が増加するため、都市と農村部とが峻別されることになる。既成市街地は限定されているうえ、これまで以上に高密度な都市空間となるので、これをコンパクトシティと呼ぶこともできよう。コンパクトシティについては様々な見解があるが、ここでは郊外への建設が抑制されてはじめてこの都市形態が成立することを指摘しておきたい。*

アメリカなどでは郊外化が著しく進行し、郊外（suburb）のさらに外側にエグザーブ（exurb）と呼ばれる住宅地が建設されることも少なくない。郊外の郊外であるから、超郊外とでも言うべきか。このようなエグザーブではクルマなしでは生活がなりたたないため、持続可能な開発の対極にある都市計画であると言えよう。エグザーブが形成されるのは、郊外での建設についての規制が緩いためである。SCOTのように郊外での建設や開発を厳しく規制するなら、郊外のさらに郊外

*海道清信『コンパクトシティ——持続可能な社会の都市像を求めて』学芸出版社、二〇〇一年
海道清信『コンパクトシティの計画とデザイン』学芸出版社、二〇〇七年
玉川英則他『コンパクトシティ再考——理論的検証から都市像の探求へ』学芸出版社、二〇〇八年

での建設などとても行うことはできない。エグザーブという反面教師を通して、SCOTの役割やコンパクトシティとともに都市計画と地球環境との関係も考えることができよう。

第二の目標は、「地域の長所を活かした経済の活性化」である。ここでは人口の配置を考えた多核的都市構造のうち、副次中心と近隣中心を中心に産業の配置を命じており、PADDの方針をそのまま表している。

ディジョン市のマスタープラン——地域都市計画プランのPADD

広域圏のマスタープランに続き、ディジョン市のマスタープランである持続可能な開発整備構想（PADD）について検討していく。ディジョン市の地域都市計画プラン（PLU）は、都市計画法典にもとづき以下の文書で構成されている。なお、付帯文書として様々な文書や図面が添付されている。

・説明書（一九五頁）
・持続可能な開発整備構想（PADD）（三九頁）
・規定文書（九六頁、地域文化遺産の説明を含めると三三七頁）

・図面

・整備方針（七地区、七六頁）

都市計画法典ではPADDの内容として六項目が述べられていた。ディジョン市のPADDではこの六項目が全四章により表され、都市空間の整備や保全の方針が提示されている。この四章を、上位計画であるディジョン広域圏のSCOTのPADDと対比すると次のようになる。

ディジョン市のPADD　→　広域圏のPADD

一章　発展する都市　→　六章 広域圏の魅力《整備基本方針三》

二章　モビリティの高い都市　→　五章 交通と都市計画を結びつける《整備基本方針二》

三章　モザイク状の多核都市　→　（三章 二〇二〇年に二五、〇〇〇人）

四章　環境を護る都市　→　四章 景観や自然資源の保護《整備基本方針一》

両者で作成されているPADDはほぼ対応する。ただディジョン市の三章「モザイク状の多核都市」はSCOTの三つの整備基本方針にはなく、二〇二〇年を対象とした人口予測と住宅建設の際に述べられた「多核的都市構造」の考え方が

［次頁右］工業拠点はトラム沿いにつくられる。モザイク状の多核都市の提案にもとづき、北部の工業団地をトラムで中心地と結ぶ。
［次頁左］ディジョン市の中心部は歴史的価値が高いため保全地区に設定されている。

取り入れられている。この都市モデルがディジョン市のPADDでは、正式に整備方針となっている。

一章の「発展する都市」は、目標1「ダイナミックな都市」、目標2「連帯する都市」、目標3「魅力ある都市」、目標4「活力のある都市」の四つの目標で構成されている。ここではSCOTにもとづき、ディジョン市内に毎年一、〇〇〇戸の住宅を建設することが述べられており、人口予測にもとづく都市の発展の基礎に住宅の建設をおいている。都市の発展というと日本ではすぐ産業が考えられるが、このように住民生活の基礎である住宅を基本方針に据えるところは興味深い。住宅の建設では、SCOTにより指示された住戸密度で建てることを指示するとともに、新たな住宅地を開発することを避け、既存の市街地の再構成あるいはトラムの路線沿いの高密度化により対応する方針が示されている。

二章の「モビリティの高い都市」は、目標1「アクセスのよい都市」、目標2「持続可能な交通の促進」、目標3「モビリティを考慮した公共施設」の三つの目標を設定している。この方針は、地域都市計画プランとともにすでに述べた都市交通計画（PDU）により具体的な対応がなされる。

三章の「モザイク状の多核都市」は、目標1「コンパクトな再生された都市」、目標2「持続可能な都市形態」、目標3「質の高い生活環境」の三つの目標を設定している。SCOTで提案された多核的都市構造の構想を市のレベルで適用して、ト

ラムを軸にして公共交通の利便性の高い地域に核となる拠点をつくることにより、郊外へのスプロールを防ぐことを提案している。この新たな拠点は、かつての団地のような住宅だけからなる単一機能の地区ではなく、住宅とともに商業や工業も合わせ持つ複合的な機能を備えた地区である。多核都市という名称ではあるが、公共交通と都市計画の連携、市街地の拡張の抑制、都市機能の複合化という連帯都市再生法の基本理念を反映している。

四章の「環境を護る都市」は、目標1「自然資源を節約する」、目標2「災害のない都市」のふたつの目標を設定している。SCOTでは自然資源の保護は最初に述べられていたが、ディジョン市のPADDでは四章と最後になっている。これは環境を軽視したからではなく、やはり将来の都市構想となると、人口推計を前提とした都市のあり方を優先せざるを得ないためであると思われる。また、水資源など資源の保全と生物多様性のための自然の保護を求めているだけでなく、後述する環境に配慮したエコ地区の建設も提案している。

コット・ドール県を南北に走る丘陵地は世界屈指のワイン生産地であり、世界遺産への登録を考えている。

日本の「都市マス」にみられる矛盾

広域統合基本計画（SCOT）の特徴をより明確に理解するために足利市の都市マスとディジョン広域圏のSCOTと対照させてみる。足利市は栃木県の南西部にある地方都市で、人口は一六万人弱と、ほぼディジョン市と同規模の都市である。

足利市の都市計画区域マスタープランは東に隣接する佐野市の都市計画区域とともに、県により作成され、県庁のホームページからダウンロードできる。都市計画法では、都市マスの作成主体については書かれていなかったが、実際には県庁により作成されているわけである。

この「足利佐野都市計画　都市計画区域の整備、開発保全の方針」は三八頁であり、ディジョン広域圏のSCOTの三つの文書の計四七二頁と比べるとかなり貧弱である。この文書には「平成23年11月　栃木県」と記載されているだけで、作成者の名前も組織も不明である。

足利市を渡良瀬川の南岸より遠望する。

目次は以下のようである。

一章　都市計画の目標（一～一三頁）
二章　区域区分の決定の有無及び区域区分を定める際の方針（一四～一五頁）
三章　主要な都市計画の決定の方針（一六～三三頁）
四章　本区域における都市づくりの実現に向けて（三四～三八頁）

一章から三章までは、都市計画法で定められた項目であり、四章は都市計画区域の今後の方針を示すため独自に追加された章である。

一章は現況の都市計画区域を分析して、目標を定めている。足利市については行政区域がすべて都市計画区域であるが、佐野市の場合北西部の合併した農村部の町村が都市計画区域外となっている。この地域は除外されるため、広域のマスタープランにおいて整備方針は述べられないことになる。ディジョン広域圏のSCOTが自然保護を第一の整備方針としたのに対し、足利佐野のマスタープランでは農村部や自然地域は対象とさえなっておらず、環境保全の点で対応がまったく異なっている。

市街地の課題や都市理念について、「市街地内に未利用地を残したまま低密度な市街地が拡大することが懸念されており、これらの抑制をしていくことが必要」、「効率的な行政投資を可能にするコンパクトで持続可能な都市の構築」と述べている。

低密度の市街地の拡大はディジョン広域圏のSCOTでも指摘されており、日本とフランスのマスタープランでこの問題を指摘していることになる。しかし以下に述べるように、対応については両者の間で大きな乖離がある。

二章は、前章の分析に続いて区域区分について述べているが、たった二頁である。最初に、「足利市、佐野市では、人口は減少していますが、人口集中地区(DID)は拡大しており、市街地が分散しながら都市が成長している」と述べ、一章で、低密度の市街地の拡大を懸念していたのに、これを都市の成長と評価している。このような評価は、コンパクトシティとまったく矛盾するものである。農地や自然に市街地が分散することは、クルマに依存する地域が拡大し、結果として二酸化炭素排出量が増えることである。これは「持続可能な都市」の否定である。ディジョン広域圏のSCOTでは、このような低密度の市街地の拡散を防ぐため、既成市街地の高密度化や再構成が具体的に指示された。それに対し足利佐野マスタープランでは、一方で市街地の拡散について危惧を表し、その一方で評価するなど、まったく矛盾することが述べられている。

ディジョン広域圏のSCOTで重視されている交通について、都市マスの対応を検討したい。都市マスでは第一章で持続可能な都市という目標が掲げられているものの、クルマの規制も二酸化炭素の抑制についても一切述べていない。また第四章で「公共交通と自動車交通及び自転車・歩行者が連携した総合的な交通ネットワークの構築を図る」と述べているが、都市形態については何の説明もない。公共交通の発達を阻害するのは何よりも低密度の市街地が拡大することであり、このような事実を認識して、フランスでは環境グルネル法により公共交通の周囲での高密度化が指示された。日本の都市マスでも持続可能という言葉を用いるなら、地球温暖化を抑制する交通や都市のあり方を述べるべきである。

拘束力のないマスタープラン

次にPADDの特徴を明らかにするために足利市のマスタープランをみてみよう。「足利市都市計画　マスタープラン」は二〇〇七年七月に作成された、六一頁の文書である。都市計画区域を対象とした広域の「足利市佐野市の都市計画区域マスタープラン」とは異なり、巻末に作成した委員や地域別まちづくり会議の委員の名簿が掲載されており、作成主体ははっきりしている。内容は以下の通りである。

一章　本市の現況
二章　計画テーマと基本目標
三章　全体構想
四章　地域別構想
五章　都市像の実現化方策

三章では全体構想の前提として、想定人口を一六万人としている。しかし人口推定の根拠も、人口を受け入れる住宅の問題についてもまったく述べられていない。住宅については、すべて民間の建設に任せるということなのか。ディジョン市の持続可能な開発整備計画（PADD）では第一の目標として住宅建設、それも住戸密度や建設位置までが指示されていたことを考えるなら、マスタープランとしての性格に大きな違いがある。

地域別構想として四章で、七つの地区を対象として将来の街のイメージが語られている。

地区については、特定の機能が集積した七地域を拠点として選定し、既存の施設や道路とともに表している。

県により宅地開発が行われた地域は新生活拠点、病院が建設されれば医療拠点、

［右］世界遺産の登録を目指す復原された足利学校。
［左］県により宅地開発が行われた地域生活拠点。

工業団地ができると産業拠点と、既存の施設の集積のある場所をそのまま将来の拠点としている。

各拠点で述べられていることは似通っていて、「拠点を形成する」、「連携を進める」、「充実させる」、「ニーズに的確に対応する」……など行政の慣用句が並んでいる。

ここで提示している拠点は、ディジョン市のPADDで述べられた拠点とはふたつの点で大きく異なる。ディジョン市の拠点では連帯都市再生法の理念を反映して、移動を少なくするため住宅や商工業などの複合的な都市機能を備えることが指示された。一方足利市の拠点では、工業、医療、住宅など単一的な機能しかなく、拠点において一定の生活を充足することができない。次にディジョンでは、拠点は公

共交通の利便性の高い地域につくることが提案されていた。これに対し足利市には公共交通といえば生活路線バスしかなく、拠点と中心地あるいは拠点間の移動についてはクルマを用いるほかはない。このクルマの利用についても、二酸化炭素排出量や地球温暖化などまったく言及されず、そのためこの文書でときどき使われる「持続可能な」という言葉が空々しく思えてくる。

最後に制度上の問題を述べておきたい。この足利市マスタープランは、都市計画法により上位計画と位置づけられる足利佐野都市計画区域マスタープランに「即する」ことが求められる。しかし足利市のマスタープランは、都市マスについてまったく言及しておらず、それぞれまったく別の文書である。それも当然で、都市マスの方は足利市のマスタープランの四年後に作成されており、上位計画の役割を果たしていない。しかしたとえ都市マスが最初に作成されたとしても、低密度の市街地の問題を指摘しながら、市街化区域の拡張を評価するなど矛盾した方針が提示されているなら、どのように「即する」のか足利市としても対応できないのではないか。フランスのマスタープランの制度では、上位計画である広域統合基本計画に第三者への拘束力が与えられ、市町村はSCOTの指示や提案にもとづき地域都市計画プランのマスタープランであるPADDを作成していた。このような論理的な整合性や拘束力が日本のマスタープランにはまったくない。

[右]高速道路インターの側の産業振興拠点。
[左]新市街地の都心交流拠点。

第四章　ゾーニングによる都市の成長管理

4

ゾーニングとは何か

ゾーニングは都市計画における、最も基本的な考え方のひとつである。あまりに自明のこととして受け取られているため、手許の都市計画の本や教科書などをみてもゾーニングについて説明はもとより、巻末の索引にも載っていないこともある。最も一般的な定義は「都市における土地利用や建物の形態を規制、誘導するため都市区域を区分すること」というところだろうか。

このように定義しても大きな問題に突き当たる。なぜならば都市は限定された区域ではなく、絶えず変化し、多くの場合成長、発展する可能性のある存在だからである。人口が減少する地方都市のような場合でさえ、中心部の空洞化は進行する一方で、郊外での建設が行われ低密度の市街地が拡張することが多い。都市が成長するということはそれまで農村や自然が残された地域に都市が建設されることであり、既成の都市的地域だけをゾーニングするなら、このような将来都市化される地域がゾーニングから取り残されることになる。したがってゾーニングに関しては「都市」だけではなく、「将来都市とすることを予定している地域」を含めなければならない。しかし都市が際限なく拡張することはあり得ないので、今後都市化される地域をゾーニングに含めるということは、とりも直さずそれ以外の地域については都市化を行わない、すなわち建設を禁止することにより農地や自然を保護することを意味する。これはゾーニングによる、都市の成長管理であると言えよう。こう考えるなら、ゾーニングとは都市を対象とするだけでなく、農村部や自然、山間部などを含む国土全体を対象にすべきであるという論理に帰着する。

フランスでは、ゾーニングは都市だけではなく国土全体を対象として行われる。これは都市計画における基本理念を表すものであり、すでに述べたようにフランス都市計画法典では広域のマスタープランである広域統合基本計画（SCOT）と市町村の法定都市計画である地域都市計画プラン（PLU）に共通の目標として、「一方で都市の再生、抑制された都市開発や農村空間の開発を対象として、もう一方で農村や森林空間の保存や自然や景観の保全を対象として、両者の均衡」を可能にすることを定めている。このような理念にもとづくため、都市計画の対象は都市だけでなく農村部や自然環境にも及ぶことになり、当然ゾーニングの対象も都市や農村を含む国土全体となる。

日本では一般的に、都市計画は都市の整備や開発を行うものであり、自然や農村あるいは環境の保護は別の法制度により行われる。しかしながら利潤が追求される社会にあって、ディベロッパーなどにより、レジャーや観光のため風光明媚な景勝地や自然が開発されることを考えるなら、建設の圧力に対して自然や環境を護るために「建設させない」ことも都市計画の役割ではないか。よく「無秩序な都市化」と言われ、これを防ぐのが都市計画の目的であると強調される。しかし見方を変えるならば、無秩序な都市化とは人間を中心にした価値観にもとづく評価であり、環境保護の立場からするなら貴重な自然環境や農村部が損なわれることである。したがってフランスにおいて国土全体のゾーニングを行うことは、従来の人間の側からのみ考えてきた都市計画を自然環境の視点も含め再定義することであり、ここに都市計画の論理におけるパラダイムの転換が認められる。

これに対し日本では、これまで都市計画を行う区域を都市計画区域として設定してきた。さらに二〇〇〇年には新たに準都市計画区域も制度化され、こうして国土は、都市計画区域、準都市計画区域、そしてこれら以外の区域と大きく三区分される。日本では主として都市計画区域を対象として、用途地域のような建設や土地利用を規制するゾーニングを行うので、これは国土のゾーニングというよりも国土の三区分であると言うほかはない。この三区分された区域のうち、都市計画区域は国土全体の二六パーセントに過ぎず、準都市計画区域はまだ制度化されて間もなく利用も少ない。そしてこれら二区域の設定されていない地域は国土全体の七四パーセントに達している。*

なお都市計画法では、都市計画について第四条で「都市の健全な発展と秩序ある整備を図るための土地利用、都市施設の整備……」と定義しており、環境の保全や生物多様性などはもとより自然や山林あるいは農村部については一切言及されていない。こう考えるなら、国土の四分の三を占めるそれ以外の区域は、都市計画の

*日本都市計画学会編『実務者のための新都市計画マニュアルI 土地利用編2 都市計画区域・区域区分』丸善、二〇〇二年、一〇五頁

対象外の地域となる。それは建設できない区域なのか、あるいは「計画」を欠いたまま建設できる区域なのか都市計画法は言及していない。しかし日本を移動するなら、都市計画区域ではない農村部でも多くの家屋が建てられているほか、自然の残された地域でもホテルや別荘などのレジャー施設などが見られることにすぐ気づくはずである。

国土全体の持続可能なゾーニング

　フランスでは、ゾーニングは都市的地域だけではなく国土全体を対象として行われる。都市計画法典は地域都市計画プラン（PLU）に対し、全市域を都市化区域、都市化予定区域、農業区域、自然区域に四区分することを定めている。このうち建設できるのは実質的に都市化区域だけであり、大都市の市街地も地方都市の中心地もこの都市化区域に指定される。

　この四つの区域だけで、多様な機能が求められる現代の都市を規制できるわけはなく、各市町村はそれぞれの区域の中に、必要に応じて地区（secteur）を設定することができる。四区域については都市計画法典により定義されているが、地区については制度上の規定はなく、市町村が自由に地域の実情に応じて設定すること

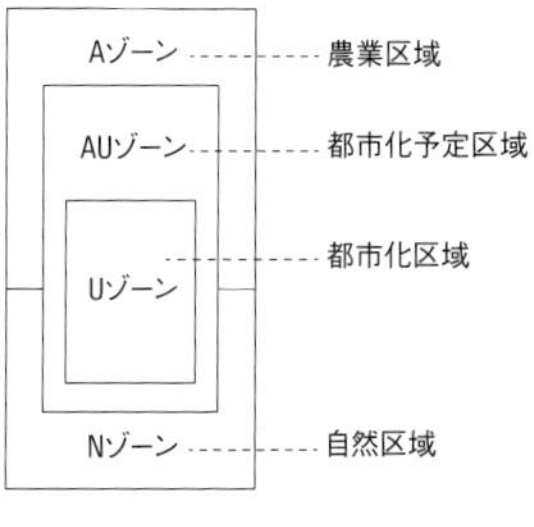

国土のゾーニング　フランス

ができる。この点日本の用途地域のように、都市計画法により決められた一二種類の地域から市町村が選ぶのとは異なっており、フランスではゾーニングにおいて市町村に大きな権限と自由度が与えられている。

また規制の点でも、日本では用途地域ごとに容積率や建蔽率があらかじめ決められているのに対し、フランスでは、四つの区域さらには市町村が設定した地区を対象として、規定文書の一四項目により土地利用や建物に関する規制方法を独自に決めることができる。すなわち国は国土を四区分する土地利用の枠組を決めるだけで、市町村が詳細なゾーニングを行い、土地利用や建物の規制を行う制度となっている(下表参照)。以下に四区域について述べる。

都市化区域(Uゾーン)

この区域は日本の市街化区域に対応し、既成市街地に加え、これから市街化(urbaniser)する地域を含んでいることでも共通している。このような今後市街化を行う地域は、水道、下水道、電気、ガスなどのインフラが十分整備されているか、建設中である地域とされる。ただし、インフラの水準が言及される一方、日本の市街化区

地域都市計画プランにおける4区域

U区域 R.123-5	都市化区域: ・すでに都市化した地域 ・既存あるいは建設中の公共設備が建設を行える水準にある地域
AU区域 R.123-6	都市化予定区域(都市化を予定している農村部や自然地域に設定される): ・建設可能地域:隣接した地域の道路・水道・電気、場合によっては下水道が対象区域に建設を行える水準にある。PADDと規定書が区域の整備条件を定める。建設は総合整備事業、あるいは定められた整備条件の実施状況に応じて行われる ・保留地域:隣接した地域の道路・水道・電気、場合によっては下水道が対象区域に建設を行える水準にない。この区域の都市化はPLUの修正や改正後に行われる
A区域 R.123-7	農業区域: ・公共設備を備えているかどうかにかかわらず、農学的、生態学的あるいは農用地の生産可能性により保存すべき区域に設定される ・公共あるいは公益に必要な施設と設備、農業生産に必要な施設や整備だけが許可される
N区域 R.123-8	自然区域: ・公共設備を備えているかどうかにかかわらず、以下の点から保存すべき区域 ・美的、歴史的、あるいは生態学的にみて地形、自然環境、景観としての質や価値が高い区域

域と異なり市街化を行う期間(日本では一〇年以内)は決められていない。

都市化予定区域(AUゾーン)

この区域は将来都市化(à urbaniser)を行うところで、現状では建設は禁止される。将来の都市化の受け皿となる区域を設定し、現時点での建設を凍結する点で、日本の市街化調整区域の制度とは大きく異なっている。この都市化予定区域は、建設可能地域と保留地域とに二区分される。

建設可能地域については、隣接したゾーンにおける道路や電気、ガス、水道、下水道などのインフラがこの地域で建設を行える水準にある場合に指定され、市町村はただちにこの地域を都市化することができる。この水準については、地域都市計画プランの持続可能な整備開発構想(PADD)と規定文書で具体的に定めることになっている。また都市化を行う際には、地域全体を対象にして総合整備事業【第五章参照】を行うか、あるいはインフラの整備が進んだ段階で建設を行うことになる。総合整備事業とは都市化予定区域全体を対象として計画を行うもので、土地所有者個人による建設は禁止される。フランスの郊外で整然とした街が形成されるのは、この制度に負うところが大きい。

保留地域は、周囲の道路やインフラの水準が十分でない場合に指定される。この保留地域については、地域都市計画プランを修正あるいは改正した後でしか建設を行うことができず、それまでは保留地として現状の農地あるいは自然が維持される。このように都市化は、インフラの水準に応じて二段階で行われることになる。

農業区域(Aゾーン)

これは日本にはない区域で、水道、電気などのインフラを備えているかどうかにかかわらず、農用地(agricoles)の農業的、生態学的、経済的な生産可能性により保存を行うところである。この農業区域では、建設できる施設は公共施設と農業関連施設だけであり、他の施設は原則として禁止される。フランスで列車に乗り郊外に出ると広々とした沃野が広がり、時々集落を目にするほかは建物を見かけることがないのは、このように農業区域において建設が厳しく規制されているためである。なおこれら以外で許可される唯一の建設は、農村部にある価値の高い建物の再利用である。近年フランスでは農村に滞在して農業を体験するアグリ・ツーリズムが人気であり、このため特定の建物を宿泊用に用途変更する必要がある。しかし無制限に認めることはできないため、このような建物は地域都市計画プランの図面に示される。

自然区域（Nゾーン）

これも日本にはない区域で、正式には自然山林（nuturelles et forestières）区域と呼ばれているが、本書では自然区域と呼ぶこととする。この区域は、特に美的、歴史的、あるいは生態学的に価値の高い地形、自然、景観を対象とするが、単に自然があるだけでも自然区域として指定できる。なお手つかずの自然だけではなく都市の周囲にある緑地や水辺なども対象としている。この自然区域でも、建設は厳しく規制され、市町村は建設を全面的に禁止することもできるが、制度上、ふたつの方法で建設を行うことができる。ひとつは容積率（COS）の移転であり、自然区域全体に低く設定されている容積率を一定の小さい区域に割り増して設定する一方、それ以外の区域では容積率をゼロ、すなわち建設を禁止する方法である。もうひとつは、大きな区画を対象として低密度で建設を行う場合であり、その際にも農地や山林あるいは地形や自然、景観を損なわないことが前提とされる。低密度に建設するため、地域都市計画プランの規定文書において、配置方法（壁面後退と隣地からの後退）、高さ、容積率が決められることになる。

このように地域都市計画プランでは、四区域により市町村域がすべてゾーニングされる。それ以前の土地占有計画（POS）では、市町村全域をゾーニングする必要はなかったので、地域都市計画プランでは、それまでゾーニングの対象外とされた自然地域を大きく取り込むことになった。連帯都市再生法は自然保護を目的としており、特に景観的あるいは生態学的な価値はなくても、自然は存在するだけで価値があると評価されゾーニングの対象となっている。見方を変えるなら、これは都市化区域や都市化予定区域の周囲を農業や自然を保全する区域で囲むことにより市街地のそれ以上の拡大を禁止することで、都市の成長管理を行っていることである。したがって農業区域や自然区域は、農地や自然、あるいは生態系の保全という意味だけでなく、都市的地域を限定するという役割も果たしている。

日本の国土区分とゾーニング——どこでも建設可能

フランスにならい、日本の国土全体の都市計画に関する区分を考えるなら、都市計画区域、準都市計画区域、そしてこの二区域から除外された区域に大きく三区分される(下図参照)。

都市計画区域

都市計画区域は、都市計画法第五条で「一体の都市として総合的に整備し、開発し、および保全する必要がある区域」とされる。そして区域区分として、都市計画

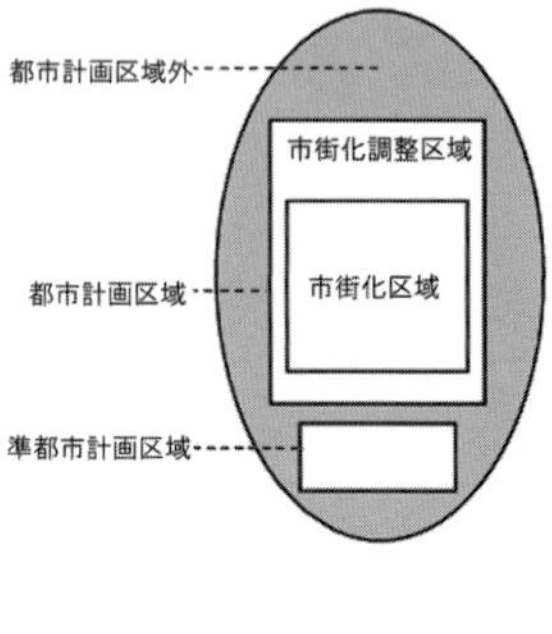

国土のゾーニング 日本

区域の中に市街化区域と市街化調整区域を定めるとしている(下表)。

市街化区域は、「すでに市街地を形成している区域及びおおむね十年以内に優先的かつ計画的に市街化を図るべき区域」とされ、フランスの都市化区域と同様、既成市街地と今後市街地とする地域のふたつを含んでいるが、特徴的なのは、今後市街地とする地域に関して一〇年以内という時期を定めていることである。だがこれは一〇年後をターゲットに人口予測を行い住宅などの施設需要を算定し、これにもとづいて市街地とする面積を決め、そして時期が来たら改めて予測通りに市街地が建設されたか見直す……といった具体的な計画のプロセスも、あるいはまた「優先的にかつ計画的」に市街化を図る方法も述べられていない。

加えて、市街化調整区域に関しては、単に「市街化を抑制すべき区域」としか述べられていない。しかし都市計画区域、市街化区域などの規定を参照するなら、一体の都市として整備を行う区域内にあるものの、市街地の拡張を抑制する地域であると考えられる。要するに都市を囲むグリーンベルトのような区域であり、市街化をここで食い止めるような存在のはずである。しかし「一体の都市」がどのような都市像を想定しているのかが明確でないうえ、調整区域の役割は市街化を「抑制する」ことであり「禁止する」ことではない。そして抑制とは程度の問題であり、厳しく抑制するのかあるいは緩く抑制するのかにより、調整区域内での建設も大きく異なってくる。

都市計画法による区域

都市計画区域(第5条)	一体の都市として総合的に整備し、開発し、および保全する必要がある区域	
同(第7条)	市街化区域	・すでに市街地を形成している区域 ・おおむね10年以内に優先的かつ計画的に市街化を図るべき区域
	市街化調整区域	市街化を抑制すべき区域
準都市計画区域(第5条の2)	放置すれば、将来における一体の都市としての整備、開発および保全に支障が生じるおそれがあると認められる一定の区域	

実際には市街化調整区域内の建設について、都市計画法の第三四条一一号で「市街化区域と一体的な日常生活圏を構成していると認められる地域であっておおむね五十以上の建造物(市街化区域内に存するものを含む)が連たんしている地域」を対象に、都道府県の政令にしたがって建設できるとされている。五〇以上の建物が周囲にある地域で建設できるのであれば「市街化を図る区域」と何ら変わることはなく、市街化区域の周囲に低密度の市街地が形成されることとなる。これが「市街化を抑制する区域」なのであろうか。フランスの制度では、自然保護のため土地の消費を抑えることが都市計画の大きな目標とされ、低密度の市街地の拡張を規制することが何より求められたことを考えるなら、両国の都市化をコントロールする理念の差に驚かされる。

準都市計画区域

準都市計画区域は、都市計画法第五条の二において「そのまま土地利用を整序し、又は環境を保全するための措置を講ずることなく放置すれば、将来における一体の都市としての整備、開発及び保全に支障が生じるおそれがあると認められる一定の区域」と規定されている。この準都市計画区域は二〇〇〇年につくられた新しい制度であり、それ以前は都市計画区域外にされていた地域である。このことは、準都市計画区域に指定される以前には、この区域で整備や開発に支障が生じていたことを意味している。それはまた現在も都市計画区域外とされている国土の四分の三の地域で、一体の都市としての整備や計画を行ううえで支障が生じることを表している。それでは都市計画区域外とは、どのような区域なのだろうか。

都市計画区域外

都市計画区域外については都市計画法では述べられていない。都市計画区域から除外された地域いわば補集合であり、「一体の都市として総合的に整備、開発、保全する必要のない区域」として扱われていない。かといって自然や農村、森林などを保護することは、都市計画として理解される。かといって自然や農村、森林などを保護することは、都市計画として扱われていない。実際には、都道府県知事が一ヘクタール以上の開発行為について許可を行うほか、建設物についての各種の規制を条例で定めることができる。また地方公共団体は建築物の用途を指定したうえで、敷地面積の最低限度を条例で定めることができる。しかしこの程度では規制とは言えず、この結果国土の四分の三の地域において無秩序な開発、あるいは分散した都市化が行われることになる。

このように日本の国土は、都市計画区域、準都市計画区域、そしてこれらが設定されていない区域と三区分されるが、どの区域でも建設は可能なのである。結局のところ三区域は、積極的に建設する区域、建設を抑制する区域、建設を計画的に行わない区域というような差でしかない。日本では都市と農村の境界が不明確で、都市は巨大な農村であると海外から来た人々によく言われるのは、このような三区分された国土のどこでも建設できるからである。

国土交通省が担当する都市計画法には、いわば建設を進めるエンジンの役割を果たすことだけが求められており、農地や自然地域を開発や建設の圧力から保全するという役割が与えられていない。農地や自然の保護については管轄省庁が異なり、自然保護は環境省の所轄する「自然環境保全法」や「自然公園法」で行い、農地は農林水産省の担当する「農業振興地域の整備に関する法律」で行うことになっている。このような縦割り行政の結果、都市計画法は農地の保全や、自然保護のために建設を規制、あるいは禁止する役割を果たしていない。これに対しフランスの制度では、国土全体を対象に農地や自然環境を保全する、すなわち「建設させない」ことが都市計画の重要な役割として定められていた。このような都市計画の理念の差が、日仏の国土のゾーニングにそのまま反映されている。

ディジョン市のゾーニングの実際

ディジョン市のゾーニングについて、まず四区域がどのように設定されているかについて述べる。ゾーニングは次頁の図のような、地域都市計画プラン(PLU)

の図面により表される。地域都市計画プランの構成は前章で述べた通りであり、まず大部の説明書によりディジョン市の都市計画に関するあらゆる要素が分析され、現状の課題について今後の整備方針が述べられる。特に環境グルネル法にもとづき、説明書では都市化を行う地域の選定理由や整備方針が詳細に説明されている。この説明書を受けて、前章で述べたように持続可能な開発整備構想（PADD）により今後の都市整備や開発について基本方針が提示される。このような説明書とPADDにもとづき、第三者を拘束する図面が作成される。この図面と対応する規定文書により、各ゾーンについて、一四項目により建設や土地利用を規制することになる。

　ディジョン市は東西約一〇キロ南北約九キロに広がり、面積は四、〇七七平方キロメートル。地形や自然は西側の山間部と丘陵地、その東側に南北に帯状に走るブドウ栽培地、それと中央から東に広がる平野部の大きく三つに分かれる。PLUでは、このような地形と現在の都市の分析を通してゾーニングが設定される。ディジョン市の実際のゾーニングでは、都市計画法典にもとづくとともにディジョン市の実情

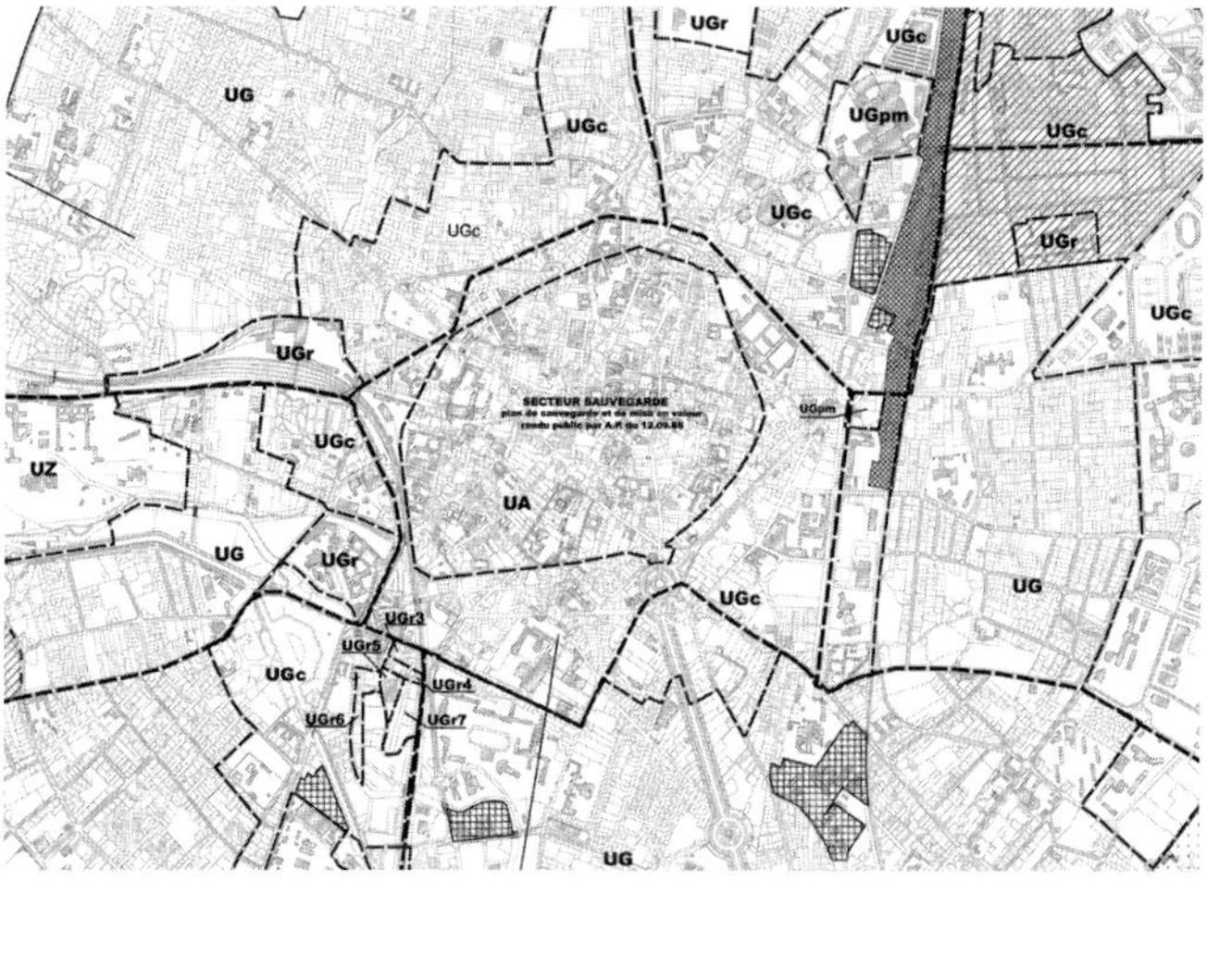

地域都市計画プラン、ゾーニングの図面

を考慮して、以下のように三段階に分けてゾーンが決められる。

I　制度にもとづく四区域
II　ディジョン市が独自に設定した区域
III　ディジョン市が区域内に独自に設定した地区（secteurs）

ここでは都市計画法典で定められたIの四区域の設定状況と、IIのディジョン市が独自に設定した区域の概要を述べる。

I　制度にもとづく四区域について

制度にもとづく四区域のうち、都市化区域（Uゾーン）は、市域の七一パーセントを占めており、平野部のほとんどは都市化区域に指定されている。日本の地方都市の市街化区域と異なり、区域内に農地がほとんどなく、ほぼすべて既成市街地となっている。このような市街地の中に、鉄道の操車場、屠畜場、青果市場、陸軍の駐屯地などが移転してできた跡地が残されており、都市化区域の中にあってわずかな建設可能な土地となっている。環境グルネル法では、このような市街地に残された土地で優先的に建設や開発を行うことが求められる。

同じ都市化区域内の市街地でも、住戸密度に大きな差がある。中心部の旧市街は、都市壁の内部に形成された高密度の空間となっており、その歴史的、文化的価値によりマルロー法*【第六章参照】による保全地区に指定されている。

ディジョン市の4区分（区域、面積と割合）

U区域		都市化区域	2,882ha	70.7%
U区域用途別	UG区域	用途の複合を図る地域	2,210ha	54.3%
	UE区域	工業を中心とした産業用の地域	422ha	10.3%
	UZ区域	公共施設を中心とする地域	250ha	6.1%
AU区域		将来の都市化を予定する地域	201ha	4.9%
A区域		農業用の地域	572ha	14.0%
N区域		自然や森林を保全する地域	423ha	10.4%

＊一九六二年に当時の文化省大臣だったアンドレ・マルローのイニシアティヴにより制度化された、世界に先駆けとなる歴史的環境を保全する制度。正式名称は「フランスの歴史的、美的資産の保護に関する立法を補完し、かつ不動産修復を促進するための法律」であるが、マルロー法と通称されることが多い。

この旧市街から離れるにしたがい、建物の規模は小さくなるとともに住戸密度も低くなり、郊外には一戸建ての住宅地が広がるようになる。このような都市構造において、ふたつの例外的な空間がある。ひとつは一九六〇年代に建設された二か所の大規模な団地であり、同じような形態の住棟が並ぶ単調な都市空間となっている。もうひとつは周辺の町村からディジョン中心地へ向かう基幹道路沿いの一帯で、駐車場を備えた店舗が並び、景観や土地利用に混乱がみられる。都市計画法典により「都市への進入路（entrées de ville）」と呼ばれ、都市計画で特に対応が求められる地域である。

都市化予定区域（AUゾーン）は、市域の五パーセントに過ぎず、北部、東部、南部の端に点在している。都市化予定区域には、制度の通り周囲にある水道や電気などのインフラの水準により、すぐに都市化できる建設可能地域と地域都市計画プランの改正後でしか都市化できない保留地域のふたつが指定されている。なお都市化予定区域のうち、北部の建設可能地域では、総合整備事業により建設が進行中である。

農業区域（Aゾーン）は市域の一四パーセントであり、西部の丘陵地と東部の平野部を中心に指定されている。農業区域では農地が一面に広がっており、日本の農村部のように農地と住宅が混在するようなことはない。このような景観を見ても農業区域では、公共施設と農業関連施設以外の建設は禁止されることが理解され

[右]都市化区域。かつて都市壁で囲まれていた中心地。
[左]都市化予定区域。総合整備事業により建設が行われている。

る。

自然区域（Nゾーン）は、市域の一〇パーセントであり、西部の山間部や丘陵地帯と北部の平野部に指定されている。この自然区域は、手つかずの自然だけではなく都市の周囲にある緑地や水辺なども対象としており、これら都市に残された貴重な自然環境を都市化から護る役割を果たしている。この自然区域では制度上、建設は禁止されないものの厳しく規制されており、ディジョン市の自然区域をみても一部の地域に公共施設がわずかに建てられているだけで、自然がほぼそのまま保存されている。

Ⅱ　ディジョン市が独自に設定した区域について

都市計画法典は、地域都市計画プランに四区域を定めている。しかしこの四区域だけで実際のゾーニングを行うことは不可能であり、ディジョン市では都市化区域（Uゾーン）の中に都市機能をある程度専用化する三つの用途の区域を設定している。すなわち総合用区域（UGゾーン）、産業用区域（UEゾーン）、公共施設用区域（UZゾーン）である。このように地域都市計画プランの実際の運用では、市町村は都市化区域に必要に応じて特定の用途の区域を設定している。

日本のゾーニングの基本を成す用途地域制（足利市を例に後述する）では、土地の用途は大きく住居系、商業系、工業系に三区分される。これをディジョン市の三区域と

対照させると、総合用区域(UGゾーン)は日本の住居系と商業系を合わせた性格の土地利用を行う区域となっている。この総合用区域は、用途の混在を行うことにより移動を少なくすることを指示した連帯都市再生法の理念を具現する区域であると言えよう。産業用区域(UEゾーン)はほぼ日本の工業系の用途地域に対応しており、工場の出す騒音や危険物の貯蔵などを考慮して設定される。公共施設用区域(UZゾーン)は日本の制度にはない区域である。この区域は各種の公共施設を配置することを目的としており、公共交通に恵まれた地域に設定されている。多くの人々が利用する公共施設をまとめて配置して、クルマなしで行けるようにすることは二酸化炭素の排出量を抑制するうえで重要であり、連帯都市再生法や環境グルネル法の理念を反映した持続可能なゾーニングであると言えよう。

［前頁右］農業区域では農業用建物以外、建設は厳しく規制される。
［前頁左］自然区域では建設が厳しく規制されているため自然が保護される。

混在を考えたゾーニング——総合用区域

次に各区域について、Ⅲのディジョン市が区域内に独自に設定した地区(secteurs)も含め、ゾーニングの詳細を検討していく。

用途の混在を意図する総合用区域(UGゾーン)は、都市化区域の五四パーセントと市域の半分以上を占めている。これまでの土地占有計画(POS)で用途の純化を考えて詳細なゾーニングが行われてきたのとは対照的であり、ここに地域都市計画プラン(PLU)の特徴のひとつを認めることができよう。

地域都市計画プランでは、規定文書により各区域や地区の土地利用や建設方法が一四項目にわたって規制される。この規定文書の第一項は「禁止される土地利用」、第二項は「固有の条件で許可される土地利用」となっている。これらの項目により総合用区域には、工業や倉庫以外の日常的に使用する建物が許可される。すなわち住居、商業、サービス業、手工業、公共施設など広範な土地利用が可能であり、住居を中心として移動せずに就業、買い物のできる地域にすることが意図されている。

この総合用区域の内部には下表で示すように四つの特定用途の地区が設定されている。

UGc地区は中心的な地域であり、cはセントラル(centrale)を表している。この地区は、旧市街地周辺とトラムの通過する一帯を対象としている。連帯都市再生法は用途の混在とともに、中心地の再生と高密度化を行うことにより市街地の農村部や自然地域への拡張を抑制することを目的にしている。UGc地区はこのような理念を具体化するゾーンであり、建物の高さはゾーニングと対応した規定文書の第一〇項「高さ規制」により、最も高い一八メートルに設定され、高密度の中心地とすることが指示されている。

総合用区域

UGc地区	中心部に近い地域。周囲に公共施設が多く、トラムなど公共交通によるアクセスが容易なため土地の高度利用を図る
UGr地区	地域全体について総合整備を行う地域に設定される
UGpm地区	景観と調和する一定の形態に誘導するため用いられる
UGf地区	都市部と農村部の境界に設定され、高さ規制が行われる

また環境グルネル法により、公共交通の利便性の高い地域について高密度化を図ることが規定され、すでに述べた通りディジョン市の広域統合基本計画（SCOT）や都市交通計画（PDU）においてもトラムの通過する一帯を高密度の都市空間とすることが指示された。このような上位計画の指示にもとづき、PLUではUGc地区の中でもトラムの両側五〇〇メートルについては、高さはさらに二一メートルに緩和している。このようにトラムの周囲に高密度の都市空間を形成するなら、ここに住む多くの人々は手軽にトラムを利用できるうえ、トラムを運用する公社にとっても利用者の増加により収益が上がるので、両者にとって望ましい都市形態となる。

それとともにこのトラムの通過する一帯に関しては、規定文書の第二項の「固有の条件で許可される土地利用」により、新たに建てる建物の一階の階高を三・二メートル以上にすることが規定されている。これは現在住居として用いられていても、将来一階を高い天井を必要とする店舗に転用することで、一階を店舗、二階以上をアパルトマンとして用いるフランスの伝統的な都市形態に導くためである。ここに住居と商業という機能の複合を行うことにより、移動の少ない都市を目指す方針がよく表れている。

またこのトラムの両側の一帯については、建物の外観を規制する規定文書の第一一項の「建物の外観と周囲の整備」により、建物の一階には必ず開口部を設ける

総合用区域（UGゾーン）。公共交通の利便性のよい中心市街地に設定される。

ことが定められている。これは間接的な表現であるが、その目的は一階を駐車場にしてシャッターにより閉ざされた空間にすることを禁止することである。トラムの周囲は、道路沿いに店舗が並ぶ活気のある市街地とすることが求められており、ここにシャッターで閉ざされた建物があると商業地としての雰囲気が損なわれることになる。

UGr地区は既存の都市空間を再生させる地域であり、区域全体を対象に総合整備事業【第六章参照】が行われる。地域都市計画プランは、それまでの土地占有計画の制度で対象外とされた事業的都市計画である協議整備区域(ZAC)【第六章参照】も含んでおり、ディジョン市ではUGr地区にZACを取り入れて実施している。一九六〇年代に建設された二か所の大規模団地では、居住機能しかないこと、同質的な世帯しか住んでいないこと、形態が単調であることなどの理由で、ZACによるリノベーションがUGr地区の一環として行われている。

UGpm地区は、敷地にふさわしくない形態の建物が建てられた場合などに利用される。この地区の運用については次章で述べることとする。

UGf地区は都市部と農村部との境界に設定される地域であり、fはフリンジ(frange)を意味する。日本でも時々アーバンフリンジという語が用いられるが、UGf地区はこのような境界となる地域に設定されている。この地区では、高さは七メートルと高さ規制において最も低く抑えられるとともに、建蔽率も二〇

パーセントと低く設定されており、高い建物が建ち並ぶ稠密な都市空間から自然や農村部に移行する空間となっている。

日本ではゾーニングというと、土地利用あるいは建蔽率や容積率により建物の規模を決める制度として考えられているようである。しかしディジョン市のUGc地区では、公共交通の中心となるトラムの沿線に商業を備えた高密度の住宅地を形成するために用いられている。したがってディジョン市のPLUによるゾーニングは、今後望まれる都市空間の土地利用や景観を誘導する手法となっている。

工場と住宅は隣り合わない——産業用区域と公共施設用区域

都市化区域(Uゾーン)では、総合用区域(UGゾーン)のほかに産業用区域(UEゾーン)と公共施設用区域(UZゾーン)が特定用途の区域として設定されている。

産業用区域(UEゾーン)に関しては規定文書の第一項と第二項により、工業、手工業、オフィス、倉庫などが許可されている。このように各種の産業の立地を予定しているものの中心となるのは工業であり、工業はこの区域以外では立地が許可されない。加えて特徴的なのは、一般の住宅が建てられないことである。住宅につい

[前頁右]UGゾーン。郊外の一戸建て地域も総合用区域となる。
[前頁左]UGf地区。都市部と農村部との境界に設定され、高さと密度が緩やかに移行するようにする。

ては、工場の管理人など産業用区域にある建物の維持や管理に携わる人々のための住宅に限定される。地域都市計画プランは用途の混在を求めているが、住宅と商業の混在は促進させるものの、産業特に工業と住宅との混在はディジョン市では避けている。

日本でも準工業地域、工業地域、工業専用地域の三種の工業系の用途地域があるが、住宅が禁止されるのは工業専用地域のみである。それ以外の二地域では住宅は許可されており、町工場の側に住宅を見かけることも珍しくない。これに対しフランスではディジョン市以外の街を訪れても、市街地で工場を見かけたことはほとんどなく、工業と住宅の混在は避けられている。

また産業用区域では商業に関しても、既存の店舗の修復や拡張は認めているものの、商業の新設は認めていない。これは、住宅がないから商業も必要ないという論理にもとづくものである。また商業は市域の半分以上を占める総合用区域に立地できるので、産業用区域に立地を認め、商業間の競争を激化させる必要はないという理由もある。

産業用区域のうち大きな区域は、市の中心部から離れた北部と南部の基幹道路に沿った二か所に指定されている。産業の中でも工業が中心となっているため広い敷地、原材料の搬入や製品の搬出のため広い道路が必要とされており、このように郊外に限定して産業用区域が設定されている。

産業用区域(UEゾーン)は、中心部から離れた、基幹道路沿いに設定される。

この産業用区域内には、下の表で示したように二種類の地区が設定されている。UEd地区は、特定の産業の立地を指定するために用いられている。UEd1は、青果市場跡地を利用して農業・食品加工専用の地区とするために指定されている。一方UEd2は例外的に商業を許可する地域であり、既存の大型ショッピングモールの側に設定され、商業を集約配置することを意図している。日本では工業専用地域を除くなら、工業系地域でも工業以外の用途の建物が許可されるため、多様な用途の建物が混在する地域になっている。これに対しディジョン市では、産業用区域内に一定の地区を定めてここに特定の産業を誘導しており、産業に関しては用途の専用化が図られている。

UEr地区は新たな鉄道の駅を建設するために設定され、地区全体を対象にして総合整備事業が行われる。これは総合用区域におけるUGr地区と対応するもので、隣接してUEr1とUEr2の二地区が設定され、それぞれ駅を建設するため第一期工事、第二期工事を行うことになっている。ここでもゾーニングが、特定の土地利用とともに事業計画も表している。

公共施設用区域(UZゾーン)は、日本にはない土地利用の考え方である。この区域は東部と西部の二か所に指定されている。このうちずっと広い東部区域が、中心的役割を果たしている。東部にある公共施設は、中央病院、大学、各種研究機関、大規模なプールなどディジョン市だけでなく都市圏全体が利用する施設であり、こ

産業用区域内の地区

UEd地区	(特定の産業用の地域として2種類設定される) UEd1:卸市場に適した農作物用の用途の建物が許可される UEd2:工業の他に商業用の活動が許可される
UEr地区	(地域全体について総合整備を行う地域に設定される) 将来のレジオン鉄道駅のための総合整備事業を行う地域

れらが大きな敷地にゆったりと配置されている。日本と大きく異なるのは、どの施設でも周囲に広い駐車場のないことである。これは、この区域にトラムが走っているほかバスの便も多く、市民はクルマを使わず公共交通を利用して行くことができるためである。中央病院などはトラムの駅がすぐ前にありクルマなしでも容易に行くことができる。広大な駐車場と誘導する係員とがセットになっているかのような日本の郊外の大型病院の風景とは大違いである。このように病院に公共交通で行けるなら、クルマを運転できない高齢者でも行きやすいだけでなく、駐車場のために広大な土地をいたずらに消費することもない。また二酸化炭素の排出量を抑制できるので地球温暖化の防止に役立つ。こう考えるなら、ゾーニングが持続可能な環境をつくるうえで大きな役割を果たすことが理解されよう。

新たな都市計画の論理——都市化予定区域

都市化予定区域（AUゾーン）は日本の都市計画制度にはないものであり、ここにフランスにおける新たな都市をつくる論理をみることができる。

前述のように、都市化予定区域はすぐに都市化できる建設可能地域と地域都市計画プラン（PLU）を修正、あるいは改正した後でしか都市化できない保留地域に

公共施設用区域（UZゾーン）にある病院の側にはトラムの駅がある。

区分される(下表を参照)。ディジョン市ではさらに将来都市化をした際の用途、すなわち総合用区域あるいは産業用区域にすることを事前に決めて都市化予定区域を設定している。

まず都市化予定区域のうち、建設可能地域について検討する。ディジョン市ではこの地域として、将来総合用区域とする地域をAUGゾーンとして三か所設定している。これら三か所は屠畜場跡地、インターチェンジ付近で土地が分断されている地域、それと小川と基幹道路に挟まれた狭い地域である。このように都市化予定区域は、農村部や自然の残された地域ではなく市街地にある未利用地に設定されており、既成市街地の再生を行うことで市街地の郊外への拡張を抑制するという連帯都市再生法の理念を遵守している。当然のことながら、これら三地区は都市化区域に隣接しており道路、電気、上水道、下水道などをすぐに利用でき、インフラ整備のコストを抑えられる。

これら三か所については区域全体の計画にもとづいて総合整備事業を行うため、既存の建物については二〇平方メートル以内の拡張しか許可されない。そのため都市化予定区域というものの、この言葉により日本でイメージされるような、現在都市化が進行しているような地域ではない。日本では市街化調整区域でも人口集中地区が形成されるように、全体計画がないまま建物が建ち始め、やがて都市らしき存在ができる。これに対してフランスでは、既存のインフラを容易に利用

二種類の都市化予定区域

建設可能地域	・AUGゾーン、将来総合用区域として都市化する ・AUEゾーン、将来産業用地域として都市化する
保留地域	・AUe区域、インフラ整備とともにPLUの修正や改正を行い都市化を行う。それまでは保留地域とされる

できることを前提に区域全体の計画を立て、これにもとづいて新たな市街地を建設している。このような全体計画があるかないか、これが日本とフランスの都市化における最も大きな差である。

環境グルネル法は土地の消費を抑えることを求めており、そのため新たに農地や自然地域を都市化する際に、これを正当化することを都市計画文書に命じている。そのため、これら三か所のAUG区域については、地域都市計画プランの説明書で詳しく述べられている。それがいかに詳細な分析にもとづいて実施されるか、屠畜場跡地とインターチェンジ付近を例に紹介したい。

①自然条件

屠畜場跡地——地形として高低差があることを考慮し、上水道を設置する際には緩やかな斜面に平行して設置する。洪水や浸水の危険について分析し、住宅を建設する際は留意する。

インターチェンジ付近——洪水の危険のある地域は建設から除外する。地質・地盤が安定していることを確認し、都市化を行った場合の環境アセスメントを行う。

②社会条件

どちらの場合も土地利用としてまず農業について、営農の作目、土地の所有状況、農道や道路の状況を述べ、次に現在の人口、住宅数や建物などを調査し、周囲の景観との関係を分析する。このような対象区域の分析とともに、周囲の電気、ガス、上下水道などの整備状況とこれらとの接続方法も検討する。さらに他地域へ結ぶ道路、公共交通の利便性、周囲の店舗や公共施設の利用なども考慮する。

このように都市化を行う際には、インフラのコストだけでなく、公共交通さらに周囲の店舗や公共施設を検討することにより、クルマを利用しなくても生活できる市街地の計画を考えている。

以上のような自然条件と社会条件を考慮して、道路計画と住宅戸数が提示される。この際、ディジョン広域圏の広域統合基本計画（SCOT）により各市町村に提示された住戸密度の基準が用いられる。すなわち屠畜場跡地には一ヘクタールあたり五〇戸で合計八〇〇戸の住宅を建設し、インターチェンジ付近には一ヘクタールあたり四五から六〇戸、合計で六〇〇から八〇〇戸の住宅を建設することが提案されている。

建設可能地域にはもう一種類、産業用区域にするAUEゾーンがある。この区域は北部に一か所設定され、工業団地を造成するため総合整備事業を実施中である。ここでは工業とともに商業の立地も許可しているが、しかし住宅については施設の管理やメンテナンスに必要な人員のための住宅しか認めていない。このAUEゾーンはディジョン市の中心部にトラムで結ばれており、多くの人はクルマを使わずにここに通勤することができる。このように公共交通の利便性を考えて将来の産業用区域を設定しており、ここでも地球環境を考えたゾーニングが行

都市化予定区域でも総合用区域にするAUGゾーンは、市街地の未利用地に設定される。

われている。

　都市化予定区域のうち保留地域に関しては、将来産業用区域として利用する地域がAUeゾーンとして二か所指定されている。この二か所は保留地域であり、現在整備中のAUEゾーンが産業用区域として整備され、その後さらに産業用地が必要とされた場合、地域都市計画プランを修正、あるいは改正して都市化が行われる。

　このように都市化は必要に応じて段階的に行われる。まず既存のインフラを利用しやすい地域を建設可能地域に指定して都市化を行い、その後さらに必要に応じて保留地域での都市化を行う。このような優先順位を考えた計画的な市街地の形成をみると、日本の都市計画法の市街化区域についての「優先的にかつ計画的に市街化を図る」という規定が思い出される。地方都市の市街化区域には多くの農地や空地が残されているが、このような未利用地を市街化するうえで、どのように「優先的」に市街化をするかはまったく決められていない。また未利用地について「計画的」な利用が考えられることもなく、利用の容易な土地から順に住宅や建物が場当たり的に建てられている。公共交通の利用を考えたうえで優先的にかつ計画的に都市化を行うフランスの都市化予定区域は、地球環境を考えたゾーニングの制度であると言えよう。

「建てさせない」が目的――農業区域と自然区域

ここでは農業区域（Aゾーン）と自然区域（Nゾーン）におけるゾーニングの手法を検討していく。

ディジョン市の大部分は市街化されているため、農業区域も市域の一四パーセントを占めるに過ぎない。農業区域で認められている建設は、制度で定められた公共施設と農業関連施設、それとディジョン市が認めた一区画にひとつの家庭菜園用の四阿《あずまや》のみである。都市計画法典は地域都市計画プランについて、アグリ・ツーリズムのため特定の農業用建物の宿泊施設への転用を許可しているが、ディジョン市ではこれに該当する建物を定めていない。このように建設が厳しく規制されているため、農村部に住戸が混在する日本とは大きく異なり、農業区域では建物を見かけることはほとんどなく、農地が一面に広がっている。

農業区域にはふたつの地区が設定されている。ひとつは景観を保全するために設定されたＡｐ地区（pは景観を意味するpaysageを表す）である。この地区は丘陵地帯である西部の農地にあり、なだらかな地形に畑の畝が筋状に連なり美しい景観をつくり出している。この地形と農業が生み出した風景に関しては、規定文書により建設はいかなる例外もなく絶対禁止とされる。したがって公共施設はもとより農業に必要な施設も、ＡＰ地区以外の農業区域に建てるほかはない。日本では景観

農業区域の2地区

Ap地区	優れた景観の地域で、建設は全面的に禁止される
Av地区	世界遺産の登録を目指すワイン生産地の景観保全を行う

法により棚田などの貴重な景観を護ることができるが、フランスでは法定都市計画である地域都市計画プランにより市町村は容易に建設を全面的に禁止することができ、地域の文化遺産とも言える景観を保全することができる。

もうひとつはワイン生産地区のＡｖ地区（ｖはブドウ畑を意味するvigneを表す）である。

ディジョン市のあるブルゴーニュ地方は、フランスを代表するワイン生産地であり、ブドウ畑やワイナリーを世界遺産に登録しようと努めている。世界遺産に登録するには対象自体の価値に加え、周辺地域にバッファゾーンと呼ばれる緩衝空間を設け、世界遺産の背景にふさわしい景観とすることが義務づけられる。ディジョン市の場合、Ａｖ地区での景観保全はもとより、周囲の農業区域での建設も厳しく規制されているため、世界遺産に登録するうえでバッファゾーンに関する問題はないと言えよう。

ディジョン市の自然区域は、西部の丘陵地や山間部それと北部に設定されている。この自然区域の面積は市域全体の約一割であり、農業区域と同様にここにおける建設を規制して自然を保護すること、すなわち「建てさせないこと」が都市計画の目的とされる。

この区域には市民の憩いの場となっている緑地やキール湖などのウォーターフロントも含まれており、必ずしも人家から離れた森林や山々が連なる場所だけで

はない。なおキール湖は中心部の西にある人造湖であり、フェリクス・キール市長の時代につくられたためこの名があり、現在は市民の憩いの場となっている。余談であるがキール市長は一九四五年から二〇年以上にわたりディジョンの市長を務め、白ワインにディジョン名物のカシス酒を入れて飲むことを提唱した人物でもある。フランスはもとより日本でもアペリティフとして知られているキールは、この市長の名に由来する。

この区域での建設に関しては、容積率の移転は利用されていない。そのため地形、自然環境、景観などを保全する前提で、低密度の建設を認めており、規定文書により建設の条件を定めている。ここで許可されている建設は、公共施設、休息用の四阿《あずまや》、それと災害後における既存の建物の現状復帰だけである。日本では、自然に恵まれた観光地が都市計画区域外にあることが多く、ホテルやレジャー施設、別荘などが乱雑に建てられ、景観を損なうどころか俗悪な場所になることさえあるが、ディジョン市の自然区域ではこのようなことは起こりえない。

自然区域にはふたつの地区が設定されている。ひとつはNh地区で、ここでは新たな建設は禁止され、既存のレジャー施設や商業施設を住居に用途変更することだけが許可される。この際、大きさを変更することは許可されず、商業施設に比べより自然区域にふさわしい住宅へ誘導することを意図している。

もうひとつはNz地区であり、公共施設を設置するための地区である。いわば

[前頁右]Ap地区。美しい農村風景を保全する地域で、いかなる建設も禁止される。
[前頁左]Av地区。世界遺産を目指すワイン生産地のブドウ畑一帯に設定され、ワイン生産関係以外の建物は禁止される。

自然区域と地区

Nh地区	都市と自然の境界にある地域で、これ以上の建設を防ぐため、既存の建物のメンテナンス以外は禁止される
Nz地区	公共施設やわずかな建設がみられる地域で、公共施設のみ許可される

都市化区域における公共施設用区域（UZゾーン）を自然区域内に設定したものである。北部に設定されたNz地区では、ゴミ焼却場やトラムに乗り換えるためのパーク＆ライド用の駐車場などが建設中である。これらの公共施設はいずれも中心地から離れた場所に必要とされる施設であり、自然区域の中にこれらを設置する地区を設けて集約的に配置している。この結果、自然区域内に施設が分散配置され、自然環境や生物多様性が損なわれるのを防いでいる。

自然区域は人造湖のキール湖付近にも設定されている。Nz地区では、公共施設は建てられる。

日本のゾーニングに理念はあるか——足利市の場合

ここでは日本のゾーニングとして、

A…区域区分
B…地域地区
C…用途地域

の三区分をとりあげ、足利市のゾーニングを例に検討していく。ゾーニングを「土地利用や建設を規制する」と狭く定義するなら、Bの地域地区とCの用途地域が該当し、Aの区域区分は都市的地域と農村部の境界を定める制度として除外されるかもしれない。ゾーニングは都市計画の最も基本となる手法であるが、いざ定義をしようとすると難しい。ここではフランスのゾーニングと対照させるために、Aの区域区分も含めて足利市のゾーニングを考えることにする。

A　区域区分

足利市は全域が都市計画区域であり、市街化区域と市街化調整区域に区域区分されている。

市街化区域は制度上、既成市街地と今後一〇年以内に市街化する地域とから成るとされているが、都市計画図にはこのような区分は表されていない。ただし一般的に市政が施行された一九二一年(大正一〇年)当時の市域は、中心部あるいは旧市街と呼ばれており建物が密集しており、ここから離れるにつれて、市街化区域というものの農地が次第に多く混在してくる。そこで中心部を既成市街地と考える

市街化区域。シャッター通りとなった以前の中心部。

ことにする。

　中心部では人口が減少し、全国の地方都市と同様シャッター通りと呼ばれる地域になっている。ここは数十年前まで足利市の商業の中心地であったが、人口が郊外や首都圏に流出するうえ、郊外の基幹道路沿いに次々と建設される大型の量販店と競合できず、軒を並べていた多くの商店は閉店に追い込まれている。このような傾向が続くなら、将来中心地に取り残された高齢者はクルマで郊外に買い物にいくことができないため、買い物難民になるだろう。

　中心部には道路はもとより電気、ガス、上下水道などの都市設備が完備されており、ここに住むならこれらのインフラをそのまま利用できる。しかし住民が減少するのでは、せっかく整えたこれらインフラや都市設備が無駄になる。また児童数が減少したことにより小学校が統廃合されており、中心地に残された廃校の再利用が試みられている。地方都市の中心地に関しては空洞化やシャッター通りなどと言われるが、住民の多くが転出した結果、既存のインフラや都市施設が使い捨てになっているという事実を見逃すべきではない。

　次に市街化調整区域について考えてみたい。足利市では、この制度上「市街化を抑制する区域」に関して条例を定め、建設を認めている。すなわち六メートル以上の道路に結びついた敷地で、五〇メートル以内に建物が五〇戸以上連担している場合に建設できると規定されている。これではまるでドミノのように五〇メートル以内に住宅がつぎつぎ増殖できるため、都市とも農村とも言えない低密度の地域が調整区域中に拡散することになる。低密度の住宅地となるためクルマがないと生活できず、持続可能とは正反対の地域が形成される。このように市街化調整区域における建設が許可されているため、調整区域内にありながら人口集中地区となっている地域もあり、「市街化を抑制すべき区域」が市街地になるというパラドックスがみられる。この点、ディジョン市では都市化区域（Uゾーン）以外の建設が厳しく抑制されていたのとはあまりに対照的である。

B　地域地区

土地利用を規制する手法としてのゾーニングと言えるのは地域地区である。現時点で都市計画法はその第八条で二一の地域地区を定めているが、地域地区については必要に応じて追加されるため、今後さらに増えることが予想される。この二一地区をすべて設定している市町村はまず考えられず、それぞれの自治体は実情に応じて選択して用いることとなる。日本の都市計画制度がメニュー方式と呼ばれる所以である。

足利市では、二一の地域地区のうち用途地域、特別用途地区、高度地区・高度利用地区、防火地域・準防火地域、風致地区の五地区を用いており、現在景観地区を作成中である（次頁の表を参照）。

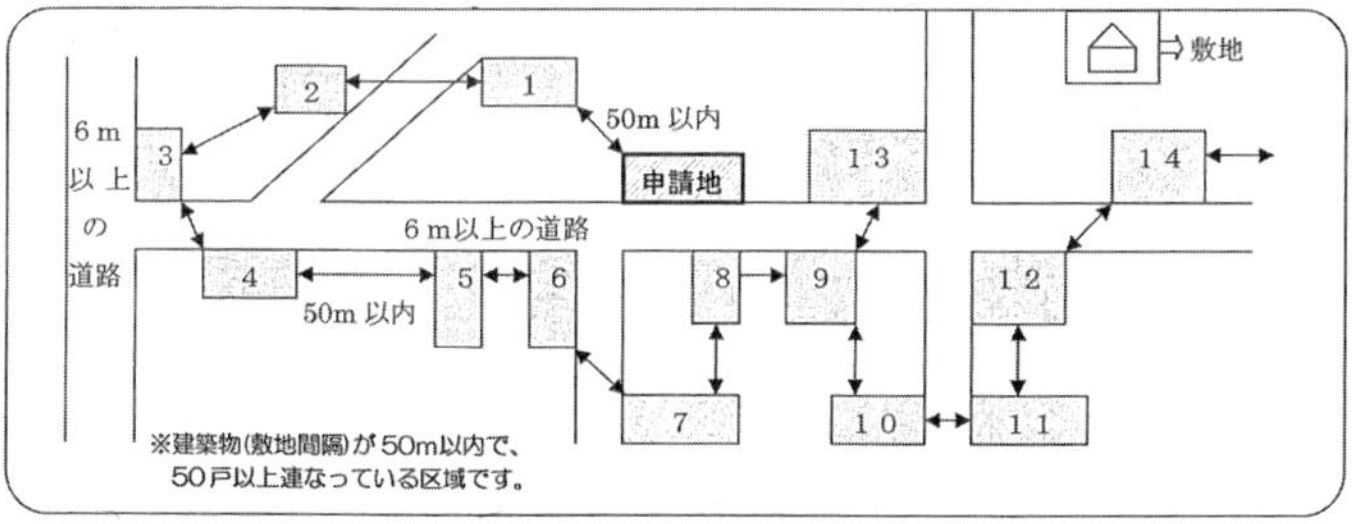

［上］市街化調整区域での建設方法（足利市作成のパンフレット『市街化調整区域に住宅を建てる場合の規則を緩和しました』より）
［右］市街化調整区域。建設が進み人口集中地区になっている。

足利市の地域地区　用途地域の規制

1	○	用途地域	建築基準法にもとづく条例で規制内容を定める
2	○	特別用途地区（特別工業地域）	
3	—	特定用途制限地区	
4	—	特例容積率適用区域	
5	—	高層住居誘導地区	
6	○	高度地区、高度利用地区	
7	—	特定街区	
8	○	防火地域、準防火地域	
9	—	都市再生特別地区	
10	—	特定防災街区整備地区	
11	△	景観地区	
12	○	風致地区	
13	—	駐車場整備地区	
14	—	臨海地区	
15	—	歴史的風土特別特別保存地区	
16	—	第1種・第2種歴史的風土保存地区	
17	—	緑地保全地域、緑化地域	
18	—	流通業務地区	
19	—	生産緑地地区	
20	—	伝統的建造物群保存地区	
21	—	航空機騒音障害防止地区、 航空機騒音障害防止特別地区	

（凡例：○ 利用　△ 作成中　— 利用せず）

二一地区もありながら利用する地区が四分の一しかないが、これは他の地方都市でも同様であり、臨海地区や航空機騒音障害防止地区など海のない市町村や飛行場のない市町村では必要としない。このように稀にしか利用されることのない地区を、ほぼ必ず使用する用途地域と同列に定めていることには疑問が残る。この点フランスでは、四区域しか制度では決められておらず、市町村が必要に応じて区域や地区を設定できるのとは対照的である。ディジョン市でも、このような区域と規定文書による一四項目の規制だけで、ゾーニングはもとより広範な都市計画に関する課題に対応している。

C　用途地域

用途地域は、ゾーニングはもとより都市計画制度の骨格をなす手法であり、都市計画区域を設定したほとんどの自治体で利用している。

足利市では下表のように一二の用途地域のうち、九地域を用いている。商業系、工業系の用途地域はすべて利用しているものの、住居系の七地域については四地域しか用いていない。地域地区では二一地区のうち五地区しか用いていないことと比較するならずっと利用率は高いものの、果たしてこのように一二もの用途地域をメニューとして用意する必要があるのだろうか。

まず住居系、商業系、工業系の三区域の割合を検討すると、

住居系　五八・七パーセント
商業系　六・九パーセント
工業系　三四・四パーセント

となっている。住居系は六割近くを占めている。これに対し商業系は著しく少ないが、商業は

足利市の用途地域

1	第1種低層住居専用地域	○	265ha	8.3%	住居系 58.7%
2	第2種低層住居専用地域	—	—	—	
3	第1種中高層住居専用地域	○	257ha	8.1%	
4	第2種中高層住居専用地域	—	—	—	
5	第1種住居地域	○	1,172ha	36.7%	
6	第2種住居地域	○	178ha	5.6%	
7	準住居地域	—	—	—	
8	近隣商業地域	○	120ha	3.8%	商業系 6.9%
9	商業地域	○	98ha	3.1%	
10	準工業地域	○	685ha	21.5%	工業系 34.4%
11	工業地域	○	306ha	9.6%	
12	工業専用地域	○	104ha	3.3%	
	合計		3,185ha	100.0%	100%

住居系でも工業系でも立地できることが多いので、店舗の建てられない地域が少ないわけではない。ここで特徴的なのは、工業系が三分の一以上と大きな割合を占めていることである。これは工業系の用途地域で、工場以外の住居や商業の立地が幅広く認められているためである。この点、ディジョン市では産業用区域（AEゾーン）において工業以外の立地が厳しく制限されていたのとは対照的である。工業系の土地利用に関して商業や住居との混在が望ましいかどうか、ゾーニングにおける論理が求められよう。

足利市では住居系の用途地域七地域のうち、第一種低層住居専用地域、第一種中高層住居専用地域、第一種住居地域、第二種住居地域の四地域を用いている。これら四地域の市街化区域全体に対する割合をみると第一種住居地域の割合が突出して高く、市街化区域全体の三六・七パーセントと三分の一以上を占めている。この地域には各種の住宅はもとより、大規模店舗と遊戯・風俗施設以外は広範な商業の立地が認められており、ディジョン市における総合用区域（UGゾーン）のような役割を果たしているため、広く設定されていると理解することもできる。しかしこの地域には農用地や空き地が多く含まれており、場所によっては建物が建てられている場所の方が少ないようなところさえ見受けられる。このように農地が多く含まれていることが、第一種住居地域とディジョン市の総合用区域との大きな差である。

第一種住居地域。用途地域の三分の一以上を占める第一種住居地域には、多くの農地が含まれている。

工業系の三地域である、準工業地域、工業地域、工業専用地域はすべて用いられている。このうち工業専用地域を除くなら工業以外の様々な用途に利用できるため、南部の工業地域は大型のショッピングモールなどの商業施設が並ぶ商業地となっている。派手な看板を掲げ、広い駐車場を備えた大型店舗が並ぶ光景を目にするなら、都市計画図を見ない限り、この地域が工業地域であるとはわからないだろう。この地には以前、繊維産業やアルミ産業が立地していたが、衰退して広大な跡地が残された。基幹道路が通りアクセスのよいこの地に、大型商業施設が次々に立地することになり、こうして工業地域が商業地へと変貌することになった。工業地域が簡単に大型商業施設の並ぶ地域に変わるのであるから、一体ゾーニングの役割は何なのか疑問に思えてくる。

ゾーニングに理論はあるか

日本の都市計画のゾーニングにおいて、最も大きな役割を果たしているのは用途地域である。しかし足利市の用途地域についてディジョン市と対照させた場合、三つの課題を指摘できる。

第一は、ゾーニングの根拠である用途の区分である。用途地域は大きく住居系、商業系、工業系に区分される。そしてこれら三つの系において建てられる建物を系ごとにみるなら、以下のようになる。

住居系　住居を中心（専用から用途の混在まで七地域）
商業系　商業を中心＋住居系
工業系　工業を中心＋商業系＋住居系

こうみると、住居系、商業系、工業系の順で用途の混在が進むことになる。ゾーニングというと土地利用における用途を区分することだと考えられているが、日本の制度では住居系の用途に商業や工業の機能をどれだけ混在させるか、という混在化の程度によりゾーニングが行われている。足利市の用途地域をみても、工業専用地域以外にはすべて住宅が建てられている。ということは住居を中心とした地域に住む人、商業を中心とする地域に住む人、商業と工業が混在した地域に住む人がいるわけである。一体、住むうえで混在が望ましい用途とは何かについて、ゾーニングの原則や理論があるのだろうか。

この点、ディジョン市のゾーニングの考え方は明快である。すなわち、住居系と商業系について用途の混合を行うことで移動の少ない都市をつくる一方、工業系はこれらの地域から分離して中心地から離れた場所に設定している。また工業系の地域に商業を立地させる必要がある場合には、一定の地区を限定して立地を認めており、工業と商業とが混在することは避けられている。

第二は、用途地域内に農地や空き地が取り込まれており、今後都市化を行う地域としても位置づけられていることである。特に第一種住居地域と準工業地域の二地域には農地が多く含まれているため、突出して面積が大きな用途地域となっている。第一種住居地域では各種の住宅はもとより、商業用の店舗や事務所、各種公共施設を建てることができるし、準工業地域は最も寛容な地域で、住宅、商業、工業の用途の様々な建物を建てることができる。そうなると、これら二地域に残された広大な農地が将来どのように使われるかにより、足利市の土地利用あるいは都市像も大きく変わってくる。

これに対しディジョン市では、市街地の郊外への拡散を抑制するため、既成市街地の高度化や未利用地の利用が考えられる。これらの限定された地域について、ゾーニングの論理にもとづいて事前に決められた用途の建設が行われるので、市街地に農地が混在するようなことはないうえ、どのような都市になるか明確にされる。

第三は、ゾーニングと交通計画が関連していないことである。もとより足利市には、鉄道を除くなら公共交通として生活路線バスしか走っていない。それでもゾーニングにより、公共交通を利用しやすい地域に住宅、商業、公共施設などを配置することは考えられていない。また工業系の地域も市内に分散して設定されており、原材

［右上］高度利用地区は駅前の一か所を高度利用するためだけに設定された。
［右中］世界遺産登録を目指す足利学校の周囲に設定された風致地区。
［右下］準工業地域には第一種住居地域に次いで多くの農地が残されている。
［左上］市街化区域、郊外。第一種住宅地域であるが多くの農地が残されている。
［左下］市街化調整区域、農村的。幹線道路から離れると建物は少ない。

料の搬出入や周囲への騒音を考慮して基幹道路沿いに配置することはゾーニングにおいて考えられていない。

これに対しディジョン市では、ゾーニングにおいて公共交通との関係が考えられる。たとえば公共施設を配置するゾーンを公共交通に恵まれた地域に配置して、市民がクルマに依存せずに公共施設を利用できるようにする一方、新たな工業団地もトラムの路線上に建設している。これはクルマに乗れない人々にとって便利なだけでなく、二酸化炭素の排出量を抑える持続可能なゾーニングでもある。

第五章　市町村レベルで取り組む地球規模のエコ

5

エコ地区とは、環境先進国である北欧にはじまり、ヨーロッパを中心に計画が進んでいる環境に配慮した地区を指す。定義や基準があるわけではないが、共通しているのは、一定の地区を対象として省エネルギーや二酸化炭素の排出量を抑制するなど、持続的発展を規範に地域単位で環境に配慮した規制を設けていることである。ここではこのような地区を総称して「エコ地区」と呼ぶこととする。

ディジョン市では、地区全体の整備を行う制度に環境を保全する条件を付け加えることによりエコ地区を計画している。すなわちディジョン市で策定しているエコ地区は特別な事業ではなく、法定都市計画を根拠とする一般的な計画であり、他の市町村でも行うことのできる手法である。

計画なくして建設なし——総合整備事業

フランス都市計画法典では地区全体を整備する制度として、R.123-6において都市化予定区域(AUゾーン)を対象とした総合整備事業(opération d'aménagement d'ensemble)を定めている。これは新たに市街地を建設するにあたり、区域全体を計画し、整備を行う制度である。日本の郊外のように、各自が私権にもとづき自由に住宅や建物を建てるなら、整った市街地を計画することはとてもできない。そのためフランスでは、新たに都市化を行う土地をゾーニングにおいて都市化予定区域として定め、この区域全体を対象として新たな都市を計画することを法定都市計画の制度として定めている。「計画なくして建設なし」という論理である。ディジョン市では、この総合整備事業の手法を都市化予定区域以外のゾーンにも適用している。すなわちディジョン市は、地区全体の整備を行うUGr地区とUEr地区を独自に設定し、ここに総合整備事業を適用している。このためディジョン市では多くの地域で総合整備事業を行っており、個人で自由に建設できる地域が限定されるほどである。フランスでは都市計画に関して自治体に大幅に権限が委譲されており、このように市町村が自由に都市計画法典に定めた制度を利用できるようになっている。

総合整備事業では地区全体の計画を行うため、自治体や混合経済会社(SEM)が計画主体となる。地区全体が計画対象となるため、個々の土地所有者は自らの土地でも建設することはできず、このため土地を買い取ってもらうことになる。この際、自治体が直接土地所有者と交渉することはせず、国の機関であるフランス土地公社(France Domaine)が土地を取得し、自治体に譲渡する。

この結果地区全体の土地が自治体の所有となるので、全体の整備計画を立案し、これを整備許可証(permis d'aménager)として提出する。整備許可証では土地利用、道路計画、区画の配置などが決められる。これにもとづき、各区画を対象に建設計画を立て、建設許可証（permis de construire）を提出する。このように総合整備事業では地区全体の計画、次に各区画の建設と二段階で地区の整備が行われる。その一方で地区全体に関してコンペが行われ、土地利用と建物とが同時に計画される場合もある。このような場合には、整備許可証と建設許可証を一度に提出することになる。

さらにディジョン市では協議整備地区（ZAC）もUGr地区に含めて利用している。すなわち本来、都市化予定区域に利用する制度であった総合整備事業をUGr地区に適用し、さらにUGr地区にZACを含めている。日本の都市計画の制度はメニュー方式と呼ばれ、自治体は用意された規制方法を選ぶほかはないが、フランスではこのように自治体が制度を自由に活用して地域の整備を行うことができる。

従来の土地占有計画（POS）は文書により土地利用や建設を規制する規制的都市計画であり、これに対し事業を行う制度として協議整備地区があった。二〇〇〇年の連帯都市再生法により、地域都市計画プラン（PLU）はZACを包摂し、この結果規制的都市計画と事業的都市計画を合わせ持つ総合的な都市計画制度となっている。このような制度の特徴と自治体の権限を利用して、ディジョン市はZACを総合整備事業の一環として位置づけて利用している。ZACは、対象地全体の再構成を行う重い事業であり、国の機関である都市再開発公団（ANRU）が

一九六〇年代に建設されたグレズィーユ団地のリノベーションにZACが利用されている。

事業を実施する。ZACは大規模な事業となるため、当然対象区域は限定される。このためディジョン市では、一九六〇年代に建てられた大団地であるグレズィーユとフォンテンヌ・ドーシュを総合整備事業を行うUGr地区に指定し、この地区の一部でZACによるリノベーションを行っている。

地域都市計画プラン（PLU）と環境保全

エコ地区は前述のように、環境に配慮した地区のことである。ただしこのことは地域都市計画プラン（PLU）自体が、環境に配慮していないことを意味するものではない。特に総合整備事業を行うUGr地区については、地域都市計画プラン（PLU）において、地区全体について環境保全を行うために厳しい規制を行っている（下表を参照）。地域都市計画プランでは、ゾーニングと対応した規定文書の一四項目により、土地利用や建設が規制される。そのうち第二項は一定の条件のもとに行う建設を定めており、UGr地区については総合整備事業を行うとともに雨水の再利用と建物のエネルギー消費について規定している。

雨水の再利用に関しては、新たに建てられる建物に雨水を再利用する装置を設け、住宅外では洗車と庭の散水、住宅内については洗濯とトイレに利用することを

UGr地区の整備条件（第2項）

総合整備事業	地区全体を対象として計画を行い、整備許可証を提出して整備を行う
雨水の再利用	雨水を再利用する装置を設置する ・外用：洗車、庭の散水 ・内用：洗濯、トイレ
省エネルギー	建物の年間消費エネルギーを1㎡につき1時間あたり60kW以下にする

定めている。以前から洗車や散水など屋外の利用については認められていたが、近年浄化装置の性能の向上により屋内でも一定の利用が許可された。このように雨水を利用できるなら、水道水を飲料水や洗面、風呂だけに利用すればよく水資源を節約できる。

建物のエネルギー消費に関しても基準を設けている。フランスは高緯度にあるため冬の寒さが厳しく、当然数か月にわたり暖房が必要になり、そのために要するエネルギーにより二酸化炭素が排出される。この部門のエネルギーの節約については、第一章で述べたようにディジョンの地域気候変動エネルギー計画（PCET）では地域暖房について、五〇パーセントの削減目標を定めている。

暖房における省エネルギーを行うには、できるだけ少ないエネルギーで暖房できるような気密性の高い高性能の建物が求められる。フランスでは下表のように、二〇〇五年に建物についてエネルギー性能基準を設けた。性能の基準として、年間一平方メートルにつき必要とされるエネルギー消費量が考えられ、これをもとに建物の性能が七段階で表される。このうち最も性能のよい省エネルギーの建物はレベルA、一時間あたり五〇キロワット以下とされる。UGr地区の場合、新たに建てる建物については、二〇一二年の制度で低消費エネルギー建物（BBC）と呼ばれる六〇キロワット以下にすることが求められる。このように総合整備事業を行うUGr地区では、暖房における省エネルギーについて厳しい基準を設けるこ

エネルギー消費量のレベル

レベル	（kW/㎡/年）
A	～50
B	51～90
C	91～150
D	151～230
E	231～330
F	331～450
G	451～

とにより二酸化炭素排出量を抑制している。

雨水のなかの二酸化炭素処理までも

環境グルネル法は環境の中でも自然保護を重視しており、この結果ディジョン市の広域統合基本計画(SCOT)でも、都市計画のマスタープランでありながら自然保護が第一の方針として示されている。特に水資源、雨水や排水の管理が重視されており、そのため下位の計画である地域都市計画プランでも、水環境が詳細に検討され、保全手法が規定されている。地域都市計画プランの規制文書は一四項目により建設や土地利用を規制するが、このうち第四項は、上下水道、ガスや電気の配管や配線、それと排水についての規定である。法定都市計画の一環として行われる一般地域における環境保全として、ディジョン市の半分以上を占めている総合用区域(UGゾーン)を例に、この排水の規制について紹介したい。

日本では以前「水と安全はタダ」と言われ、海外でミネラルウォーターを買わねばならないことが不思議に思われていたが、最近はミネラルウォーターのペットボトルを買うことが日常的になってきた。それでも水資源の重要性についてほとんど意識することはなく、近年外国資本が日本の水源を取得するようになり、ようやく水資源の重要性が認識されてきた。日本では都市計画と水資源や水質保全、水辺の環境などは結びつけて考えられていないが、環境保全を考えるなら今後これらを考慮することが重要である。

第四項では、排水について、特に雨水の地下浸透を重視しており、そのための各種の規定を設けている(下表を参照)。日本の都市計画では、雨水の処理などほとんど問題にされないが、地域都市計画プランでは雨水管や配水管の流量を増やさないことと二酸化炭素の処理の点で雨水の処理が重視されている。

雨水の処理では、分離方式と呼ばれる配水管とは別に専用の雨水管を設置することが望ましい。このためUGr地区では、雨水の処理について分離方式とすることが定められているが、一般のUG地区ではまだ分離方式が一般的でないので、ここでは配水管として述べることとする。

雨水については、次頁の図で示すように、以下の三種類の処理方法がある。

A　地下浸透
B　地上に溜めおく
C　地下貯水槽

雨水の処理方法(UG地区、第4項)

排水の原則	・公共下水道区域にある建物はすべて下水に接続する ・個別排水区域にある建物は排水設備を設置する
雨水の処理	・新築の建物は排水量を増加させてはならない ・雨水は原則として、地下浸透させる。そうでない場合地表に溜めておく。正当な理由があるなら、地下の貯水槽を利用することができる ・地下浸透、地表貯水、地下貯水槽を合わせて用いることもできる。この場合、地表貯水を除き、地下浸透を地下貯水槽よりも多くする ・舗装された50㎡以上の駐車場については、排水前の処理が義務づけられる ・排水量 　1ヘクタール以上の土地:5リットル/秒/ha以下 　1ヘクタール未満の土地:3リットル/秒/ha以下 ・貯水量については、過去10年を検討する ・分離配管の場合、雨水を下水管に流さない
UGr地区	・分離配管とする ・許可があれば独立下水装置を設置できる

このうちディジョン市では、Aの地下浸透を優先することを定めている。これは、配水管に雨水が集中して処理能力を超え、浸水や洪水になることを防ぐためである。地下浸透が難しい場合、次善の策としてBの地上に溜めることが求められる。Cの地下貯水槽の利用は、正当な理由がある場合にのみ許可され、配水管に流す前に一時的に雨水を溜めることができる。これらを合わせて用いる場合には、Bの処理を除き、Aの地下浸透をCの地下貯水よりも多くすることが命じられる。

また配水管に接続した際の流量が決められ、一ヘクタール以上の土地については毎秒五リットル以下に、一ヘクタール未満の土地については毎秒三リットル以下にする。これらの規定は、排水管が流量オーバーし、浸水や洪水が起きないようにするための対策である。日本でも近年、ゲリラ豪雨の際に排水が溢れ出し、床上浸水等の被害が出たことは記憶に新しい。

フランスの市街地はパリにみるように、建物はもとより道路や舗道も石造り、橋や広場も石造りと、公園を除くなら市街地全体が石で覆われているようなものである。このような都市では、地下浸透する場所が限定されているため、雨水のほとんどが地表を流れ、配水管に流れ込む。近年顕著にみられる気候変動により豪雨が起きるような場合、流れ込んだ雨水により排水管が飽和し、市街地が浸水することは容易に想像できる。このため舗装は土地の人工化(artificialisation du territoire)と呼ばれ、規制が求められる。すなわちできる限り土地を自然な状態にして、雨水を地

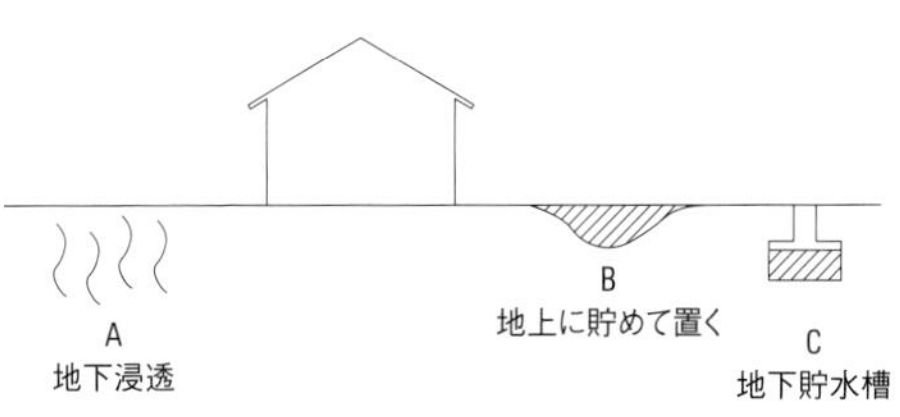

排水方法

下浸透できるようにすることが都市計画に対して要請され、第四項により具体的な対応が指示される。

また雨水が二酸化炭素を含んでいることへの対応も指示される。すなわち五〇平方メートル以上の舗装された駐車場については、二酸化炭素を含んでいる雨水が流れ出すため、雨水を事前に処理してから配水管に流すことが求められる。日本では、雨水の処理はもとより雨水中の二酸化炭素など都市計画どころか日常生活でも意識されることがないので、このようなフランスの法定都市計画の環境保全制度については考えさせられる。

また第一三項の緑地や空き地に関する規定においても、下表で示すように、雨水の地下浸透が規定される。この項目では緑地率が定められるが、これは日本の風致地区のように都市に緑地を保存する役割だけでなく、土地の人工化を制限することにより、雨水の地下浸透を促進させるという役割も果たしている。このため、雨水の貯水池も緑地と同じように扱われ緑地率の算定に用いられる。緑地率をみるとディジョン市の市域の半分以上を占める総合用区域のUG区域では三五パーセントと、たとえば足利市の風致地区の三〇パーセントよりも高く、緑地が重視されている。

空地と緑地など(UG区域、第13項)

空地と緑地	・緑地率を35%とする(UGc地区では25%とする) ・以下は、緑地には含まれない 緑化された駐車場、地上1.2m以上にある緑地 ただし30cm以上の屋上緑化は含まれる ・緑地の算定は以下のように行う 平地の緑地と雨水の貯水池:1.0 土盛り80cm以上の緑化:0.8 ・同じ敷地から見える駐車場は緑化する ・緑地100㎡につき高木を1本植える (UGc地区では200㎡につき高木1本とする)
駐車場	・駐車場が舗装されるか、ソーラーパネルが設置されている場合。100㎡に1本の高木を植える
UGr地区	・総合整備事業では、樹木は原則として保存する ・やむを得ず伐採するときには、同じ種類の木を伐採した本数植える

エコ地区と住宅供給

二〇〇八年、フランス環境省により、環境に配慮したまちづくりを促進させるためにエコ・シティとエコ地区のコンクールが行われた。エコ・シティは人口一〇万人以上の都市圏、これに対してエコ地区は人口五〇〇人以下の小さな町や村を対象としている。何しろフランスではコミューヌと呼ばれる市町村が全国に三六、〇〇〇以上もあるため、小規模のコミューヌでも参加できるよう二段階にしたわけである。

ディジョン市はこのコンクールには参加しなかったものの、環境を重視した都市整備を行う方針を決めたこともあり、独自にエコ地区の建設を決めた。現在一〇のエコ地区を計画しており、そのうちのひとつジュノー地区は他に先駆けて二〇一二年に完成している。環境省は二〇一三年に新たにエコ地区のコンクールを開催し、ディジョン市も今回は応募予定とのことだった。

すでに述べたように、エコ地区は法定都市計画を適用して計画するものであり、決して実験的で例外的な地区ではない。実際ディジョン市の住宅建設計画でも、今後建設される住宅の約半数はエコ地区に建てられることになっている。ここではディジョン市の住宅建設を通して、エコ地区の役割と新たな住宅地をつくる論理を述べたい。

ディジョン広域統合基本計画（SCOT）は、今後一〇年間の広域圏全体の住宅建設の目標を二八、〇〇〇戸に設定するとともに、ディジョン市を中心とする同心円上に広がる五つのゾーンを設定し、それぞれのゾーンごとに住宅数を割り当てた【第三章参照】。これは、環境グルネル法が都市計画に対して求めた、市街地の郊外への拡散を抑制するという要請にもとづくものである。

五つのゾーンのうち、二二市町村により構成されるディジョン都市圏では一九、〇〇〇戸を建設し、そのうち一万戸以上をディジョン市内に建設することが指示されている。この建設について、広域統合基本計画は以下のように、さらに詳細な建設方法を指示している。

一　七〇パーセント以上を既成市街地の再生により建設する
二　社会住宅の割合を五〇パーセント以上とする
三　住戸密度は一ヘクタールにつき七〇戸以上とする

第一は、「都市の上に都市をつくる」という連帯都市再生法の理念であり、郊外に住宅地が拡散することを抑制し、既成市街地にある未利用地の活用や高度利用により住宅建設を行うことを指示している。第二も、連帯都市再生法により求められた住宅地のソーシャルミックスを具体化したものである。すなわち一九六〇年代の団地建設の経験を踏まえ、多様な住宅を供給することにより、様々な階層、様々な家族形態や年齢層の住む住宅地の建設を求めている。なおここで社会住宅とは、公営の借家である適正家賃住宅（HLM、低家賃住宅と呼ばれることが多い）だけではなく、制限価格住宅（logements en accession abordable）も含まれる。制限価格住宅とは、市民が手頃な価格で取得できるよう一平方メートルにつき二、五〇〇ユーロ（約三五万円、一ユーロ＝一四〇円として）以下に抑えられた住宅のことである。第三の住戸密度は、環境グルネル法により定められた土地の高度利用を行うため、住戸密度の数値目標を設定したものである。

ディジョン市ではこのような広域統合基本計画の指示にもとづき、今後一〇年間に市内に一二、八〇〇戸の住宅建設を決めた。住宅の建設では、以上の三要件を考慮してトラムの周囲にある遊休地を活用して住宅建設を行うことにして、エコ地区もここに優先的に計画されている。

次にエコ地区の住宅地としての特徴について述べたい。

エコ地区は下表で示すように、一〇地区計画され、いずれも広域統合基本計画の指示にしたがいディジョン市の市街地に

エコ地区と住宅供給

		住戸数	低家賃住宅	面積	トラム側500m
1	ジュノー	586戸	約220戸	9.3ha	○
2	ウドレ26	295戸	120戸	2.8ha	○
3	グレジーユ	165戸	42戸	9.4ha	○
		585戸	198戸	12.0ha	○
4	エピレ	181戸	39戸	1.7ha	○
5	イアサント・ヴァンサン	533戸	270戸	8.7ha	○
6	モンミュザール	168戸	60戸	2.8ha	○
7	マレシェール	約1,500戸	約525戸	19.6ha	×
8	アルスナル	約1,400戸	約490戸	12.6ha	○
9	ジャン・ジョレス	275戸	99戸	1.7ha	○
10	ケ・デ・カリエール・ブランシュ	約350戸	ー	8.5ha	×
	合計	6,038戸	2,063戸	89.1ha	4,188戸

（総住宅数12,800戸、トラム側500m：7,800戸）

設置されている。既存の構築物の多い市街地につくるには有休地を用いる他はなく、鉄道の操車場、移転した工場や駐屯地、屠畜場などの跡地が対象地となっている。一〇地区のうち八地区がトラムの周囲にあり、公共交通に恵まれている。トラム利用の点からエコ地区で建設される住宅数をディジョン市全体と比較すると以下のようになる。

	ディジョン市全体(戸)	エコ地区(戸)
総住宅数	一二、八〇〇	六、〇三八
トラム沿い	七、八〇〇	四、一八八

これからわかるように、ディジョン市全体で建設される住宅のうち半数近くがエコ地区にあり、ディジョン市の住宅供給のうえで大きな役割を果たしている。またディジョン市全体で建設される住宅の六割がトラム沿いなのに対し、エコ地区では住宅の三分の二がトラム沿いにあり、住民はトラムで移動できる。このようにエコ地区は公共交通に恵まれたクルマに依存しなくても生活できる地域にあり、この意味でもエコ地区となっている。

また連帯都市再生法は、近代都市計画の基本理念であった用途ごとに専用化されたゾーニングを批判して、用途の混合を考えたゾーニングにより移動の少ない都市にすることを指示した。このためエコ地区も、複合的な用途のUGr地区か将来UG地区とする都市化予定区域（AUゾーン）に計画されている。さらに移動を少なくするため、地区内においても住宅のほか日常的な買い物のできる店舗やオフィス、あるいは様々な公共施設を設けている。

エコ地区の条件

ディジョン市のエコ地区はどのような点で環境に配慮しているのだろうか。一〇のエコ地区のうち、九つはUGr地区に、ひとつはUG地区をつくる都市化予定区域（AUGゾーン）に計画している。すべてのエコ地区は、すでに述べたUGr地区の建設条件である、総合整備事業、雨水の再利用、低エネルギー消費建築物（BBC）という三条件を満たすことが求められる。またUG地区の第四項による排水、第一三項による緑地の基準にも従うことになる。

さらに市は、下表で示すようにエコ地区の条件を五つ定め、エコ地区の計画を行う都市計画家や建築家に提示している。これら五

エコ地区の5条件

空間構成	・気候に最もよく対応する都市形態とする ・ヒートアイランド現象に対応する ・水や自然を利用して涼を得られるようにする
自然資源の利用	・空気の澱みをなくして、自然の通気を利用する ・中庭に植樹して気温を下げる ・雨水を貯水し、利用することで涼を得る
夏季の対応	・設定した気温を超えないようにする ・ファサード方向は、夏季に陰になり、冬季に日射しが射し込むようにする ・ファサードの色や材料を考える ・日照とともに夜の通気を考えて住居を配置する
冬季の対応	・冬季に日照を得られる住宅の割合を考える ・寒気や地面の凍結に配慮する ・冬季の外部での日照を考える
植栽と涼しさ	・住宅と公共空間での緑地率を考える ・屋上緑化を促進する ・緑化の方法を検討する。植栽、樹木の種類など

条件は定性的なものであり、これにもとづいて対象地区ごとに具体的な基準を設定し、提案を行うことになる。

第一は空間構成であり、道路形態や緑地の利用あるいは建物の配置など地区全体の構成に関わっている。特にエネルギー消費を抑えるため、気候に適した空間にすることを求めている。具体的には日本の都市でも問題となっている、夏季のヒートアイランド現象に対処できるようにすることを指示している。

第二は自然の利用である。建物の配置を工夫することで「風の道」をつくる、中庭に植樹する、雨水を利用することを求めている。

第三は夏季における対応である。フランスは緯度が高いため、夏の暑さは厳しいものではない。このため空調を備えていない建物が多かったが、近年異常気象により三〇度を超すような暑い夏が訪れるようになり、特に二〇〇三年の夏の熱波では空調のない老人施設に入所していた多くの高齢者が亡くなり社会問題にもなった。しかしすべての施設に空調設備を設けるとエネルギー消費が増えるうえ、通常の夏は空調がなくても十分過ごすことができる。このためエコ地区の計画では、空調にできるだけ依存しないよう、住宅の方位、ファサードの方向、日射しを避ける工夫などを指示している。

第四は冬季の対応で、暖房に要するエネルギーを抑えるため、住宅の日照を確保することが指示される。フランスを始めヨーロッパの国々は日本とは異なり、住宅計画において方位はほとんど考慮されず、冬季には暖房の利用だけで対処することが当然視されてきた。ところが暖房に用いられるエネルギーにより温暖化が進むことが意識され、夏季と同様、日照など自然条件を暖房に利用することがエコ地区で求められている。

第五は植栽と涼しさであり、屋上緑化など様々な空間の緑化を促進することにより、空調に依存しなくても夏季において涼しく過ごせるような地区にすることを指示している。

エコ地区の計画案

現在計画中のエコ地区のうちマレシェール地区を例に、実際のエコ地区の計画において市の提案した五項目がどのように具体化されているか検討していく。マレシェール地区は、一、五〇〇戸と最も多くの住宅を建てるだけでなく、コンペの結果、著名な建築家であり都市計画家であるニコラ・ミシュランが選ばれたことで、ディジョン市としても大きな期待を寄せているエコ地区である。

対象地は屠畜場跡地とその周囲に設定された、都市化予定区域（AUGゾーン）である。環境グルネル法は都市化を行ううえでの正当性を述べることを求めており、

エコ地区のマレシェール地区は、都市化予定区域に指定された屠畜場跡地周辺を対象地として計画された。

第四章のゾーニングで述べたように地域都市計画プランにおいて、この地域を都市化予定区域に設定する理由と、その際の整備方針が述べられた。これらを踏まえて建物を含めた地区全体の整備についてコンペが行われ、この結果をもとに協議整備地区(ZAC)を行うことを決めた。

対象地は一九・六ヘクタール、住戸密度は一ヘクタールあたり七六・五戸となっており、広域統合基本計画が設定した七〇戸以上という基準を満たしている。住宅の構成は、

適正家賃住宅　三五パーセント
価格制限住宅　一五パーセント
一般住宅　五〇パーセント

となっており、ここでも社会住宅五〇パーセント以上という広域統合基本計画の指示にしたがっている。

またエコ地区の名称の通り、五、〇〇〇平方メートルを公園、広場、緑地に割り当てている。それとともに二万平方メートルのオフィス、八、〇〇〇平方メートルの店舗を計画している。このように、従来の用途の専用化にもとづくゾーニングの問題を踏まえ、住宅のほかオフィスや店舗を計画しており、職住近接、買い物の移

ミシュランの報告書におけるマレシェールの環境項目

1.省エネルギー	a.エネルギー効率 b.自然の利用 c.断熱方法 d.自然照明 e.温熱環境 f.エネルギー消費 g.需要の抑制 h.再生エネルギー i.電力の使用方法
2.水資源	a.飲料水 b.雨水
3.ゴミ処理	a.分別収集 b.生ゴミの処理 c.家電製品
4.緑地の役割	a.緑地 b.生物多様性
5.材料、6.工事方法、7.室内の空気、8.防音	

動も少なくてすむような地区を計画している。

ニコラ・ミシュランのアトリエはこの地区の計画について、四二頁もの報告書を提出している。この報告書は、A 都市的構想、B 全体計画、C 建築の形態と計画、D 景観の創出、E 環境への配慮、の五章からなる。このうちEの環境への配慮の章において、前頁の表で示すように、一〇頁にわたりいかに環境を考慮したかについて述べている。

市はエコ地区の計画についてすでに述べたように五項目の条件を提示したが、報告書は八項目にわたり環境への配慮を説明している。これらは省エネルギー、水資源、ゴミ処理、緑地の役割、材料、工事方法、室内の空気、防音である。市の条件と比べると、より具体的な項目を設定し、場合によっては数値を用いて対応を示している。この八項目の中で、特に重視しているのが省エネルギーであり、五頁半と章の半分以上を使って説明している。ディジョン市に限らずフランスは高緯度にあるため冬が厳しく、このため暖房に用いられるエネルギーも非常に大きい。当然、暖房用の熱源が排出する二酸化炭素の量も多く、地球温暖化の大きな要因となっており、地域気候変動エネルギー計画（PCET）により削減が求められている。このためエコ地区の計画における環境保全でも、省エネルギーが重視されている。

省エネルギーについては、次頁の表のような九つの対応が表されている。市の提示した環境条件では、夏季と冬季の省エネ対策が求められていた。これら九つの対応も大きく分けて、夏季と冬季の省エネに関わっている。

冬季に利用される暖房の省エネルギーについて、aエネルギー効率、c断熱方法、fエネルギー消費、g需要の抑制において対策が提示される。ここで中心となる考え方はパッシブである。パッシブと聞くと日本ではパッシブソーラー・ハウスを思い浮かべるようであるが、このパッシブは、高い断熱性能を表す。パッシブとはドイツで普及した、気密性が著しく高いため熱の損失量が少なく、わずかな熱量で暖房効果のある建物のことである。極端に言うと、もし気密性を著しく高くできるなら、狭い部屋にいた場合、冬でも人体から発生する熱量だけで暖房できることになる。マレシェール地区ではパッシブ建物を導入することを提案しており、基準として年間一平方メートルにつき一時間あたり一五キロワット以下としている。低消費エネルギー建築物（BBC）が六〇キロワット以下であるから、その四分の一であり、いかに断熱性に優れた省エネルギーの建物か理解されよう。

このような断熱性能を高めるため、床、壁、開口部、屋根

マレシェールの省エネルギーの規定

a.エネルギー効率	第1期:一部建物をパッシブとする 第2期:すべての建物をパッシブとする
b.自然の利用	日照と通風を考慮して建物の配置や屋根形状を決める
c.断熱方法	・低エネルギー消費建物（BBC）かパッシブ建築とする ・床、壁、天井についての年間1㎡あたりkWhを計算する
d.昼光利用	オフィスでは人工照明の利用率を50%以下とする
e.温熱環境	・冬季:19℃以下、対流は0.2m/秒以下とする ・夏季:27℃以下とする。室内と外の温度差が5℃以内になるよう、緑化や自然の通気を利用する
f.エネルギー消費	・建物内に大気を取り入れるとともに断熱を行う ・年間消費を30kWh/㎡以下にする（パッシブ建築については、15kWh以下にする）
g.需要の抑制	・各住戸を地域暖房ネットワークと結ぶ ・住居は空調を用いず、パッシブ冷却とする ・駐車場の10%を電気自動車関連設備として確保する ・建設許可証の提出前に、エネルギー消費を算定する
h.再生エネルギー	・建設許可証の提出前に、エネルギー消費を算定する ・各街区で自家発電を行う場合には、20%以上再生エネルギーを用いる
i.電力	・人工知能を用いて制御し、システムをモジュール化する

について、年間一平方メートルあたりのエネルギー消費量を計算することが求められる。これらは建設許可証の提出前に計算しなければならず、省エネルギーについて一定の性能を満たした建物を建てることになる。

このような冬季の省エネルギー対策に対し、夏季の対策はまったく異なっており、自然を利用することが重視される。市のエコ地区の条件でも、一、空間構成、三、夏季の対応、五、植栽と涼しさが提示されていた。このような要請を受けて報告書では、b 自然の利用において、建物の配置を考慮して日照や風の流れをコントロールすることを指示している。建物間の風の流れは「風の道」と呼ばれ、室内の通風がよいと涼を得られるように、地区全体を涼しくすることができる。e 温熱環境や f エネルギー消費でも、緑化や自然の通気を利用して夏季の室温を下げることを提案しており、屋内と屋外の差を五度以内にすることを目標としている。なお d 昼光利用でも、日照を室内に取り入れることにより人工照明の利用率を五〇パーセント以下にすることを提案しており、ここでも自然の利用が考えられている。

また再生エネルギーも考慮されている。地域気候変動エネルギー計画では、暖房の際の熱源から各家庭までのエネルギーのロスが多いことを指摘していた。その対応として、報告書では配管が短くなるよう地域暖房を行うこと、その際エネルギーの八〇パーセントについてはバイオマスを利用した再生エネルギーを利用することを指示している。また区画ごとに自家発電を行うこと、その際二〇パーセントについて再生エネルギーを用いることを求めている。このようにエコ地区では、再生エネルギーを大幅に利用することにより、温暖化の原因となる二酸化炭素の排出を抑制しようとしている。

伝統的な都市空間を実現したエコ地区

一〇のエコ地区のうち、最初に着手されたジュノー地区が二〇一二年に完成した（下図を参照）。ジュノー地区はトラムに接した地区であり、面積は九・三ヘクタールで五八六戸の住宅が建設されている。住戸密度は一ヘクタールあたり六三戸であり、ディジョン広域圏の広域統合基本計画（SCOT）の求めている七〇戸を下回っている。これは計画に着手した時点では、まだ環境グルネル法が制定されておらず、住戸の最低密度が求められなかったためである。そのため計画時、エコ地区にふさわしい大きな緑地帯をつくることが決められ、住戸密度が低くなった。またエコ地区としてソーラーパネルも導入され、集光を考えて屋根を南側に傾けた建物も設置されている。

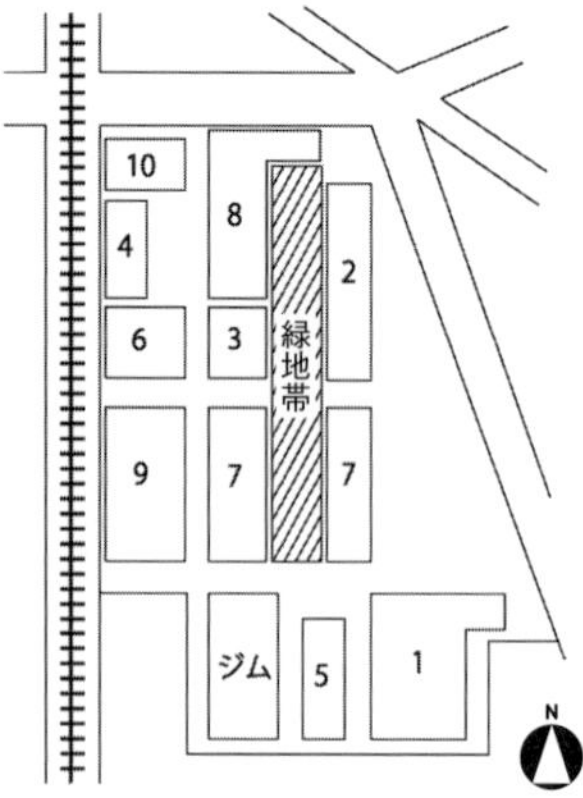

エコ地区ジュノーの区画（次頁の表と対応）

ジュノー地区はＵＧｒ地区であり、地区全体を対象として総合整備事業が行われた。まず全体計画にもとづき整備許可証が市に提出され、土地利用、道路形態、一一の区画の位置が決定された。この一一の区画を対象として、一〇の住宅地とジムひとつが計画され、それぞれ建設許可証が市に提出され整備が行われている（下表参照）。このように一〇区画ごとに異なった建築を建てたのは、全体の整備を行う一方、画一的な住宅地となることを避けるためである。

対象地の西側には、南北にドラポ大通りが走り、ここにはトラムが通っている。この大通りに沿って建物が配置され、通りに沿って建物が並ぶ伝統的な都市形態をつくりだしている。このようにストリート・ファサードが整っているため、日本の団地のように地区が都市空間の中で異質な島のように見えることはなく、既存の都市空間との連続性が感じられる。大通りに沿って南北軸に配置された建物が基準となり、緑地帯や他の建物が平行に配置されている。しかし地区の北側では、東西に走る大通りに沿って建物が配置され、ここでも伝統的な都市空間が形成されている。

高さについては、西側の大通りから離れるにつれて高さが低くなるよう、都市のシルエットが考えられている。すなわち大通り沿い

エコ地区ジュノーの建築

	街区名	戸数	
1	レ・ジャルダン・デュ・サクレクール	54戸	
2	シティ・ザン	58戸	
3	レジデンス・アンドーシュ	27戸	1階は店舗、2階にオフィス
4	アトリエ・デザール	23戸	
5	ル・グルナディエ	50戸	道路沿いの1階は店舗
6	ニセフォーレ・ニプス	40戸	
7	ヴィラ・ヴネシア	100戸	道路沿いの1階は店舗、保育所
8	マックス・ジャコブ	70戸	道路沿いの1階は店舗、2階はオフィス
9	ル・ブリタニア	104戸	1階は店舗
10	レジデンス・ルイルシュール	60戸	
	合計	586戸	その他、体育館

［右上］地区の中央部に緑地帯が配置され、エコ地区らしい景観となっている。

［右中］六〇〇近い住宅に住む人々が利用できるジムが緑地帯の隅に配置されている。

［右下］地区内の建物の一角に保育所が設けられている。

［左上］トラムの通るドラポ大通り沿いの建物には、一階に店舗、二階にオフィスが入り、職住近接が考えられている。

［左下］一戸建て住宅地に隣接する南東部の区画は、都市のシルエットを考えて低層集合住宅となっている。

の建物は五階建て、緑地帯の両側に配置された建物は四階建て、南東部の地区は一戸建てのゾーンと隣接しているため二階建て低層集合住宅となっている。

また連帯都市再生法にもとづき、複合的な用途の地区とするため、住宅のほか店舗やオフィス、ジム、保育所、多目的ホールなどが計画されている。店舗は、西側のドラポ大通りと北側の大通り沿いに沿って配置された建物の一階に配置されており、一階を店舗、二階以上をアパルトマンとして住居に利用する伝統的な都市空間が再現されている。さらにドラポ大通りでは二階にオフィスを設けた建物もあり、職住近接した移動の少ない都市を目指している。それとともにソーシャルミックスを行うため、二〇〇戸以上の適正家賃住宅も計画されている。

日本の地区計画とPLUとの違い

日本で一定の地区全体を計画する制度として、地区計画がある。ここでは地区計画をエコ地区あるいは地域都市計画プランにおける建設の規制と比較したい。

日本では一九八〇年に、地区計画が制度化された。これは市町村が主体となり作成する制度であり、これまでのゾーニングのように土地利用だけでなく、道路、緑地、建物などを規制できる点が特徴である。この制度ができたとき筆者は大学院に在籍していたが、これまで建築学科の課題の中だけで設計してきた地区全体の設計を実際に行うことができるため学生の間でも話題になったのを覚えている。しかしフランスの都市計画を研究するようになってからは、都市計画のゾーニングにおいて形態を規制できるのは当然であり、地区計画を用いた場合でしか形態について規制できない日本の都市計画の制度がかえって異質であるように思えてきた。

地区計画は都市計画法第一二条の五により、「建築物の建築形態、公共施設その他の施設の配置等からみて、一体としてそれぞれの地区の特性にふさわしい態様を備えた良好な環境の各街区を整備し、開発し、及び保全する」ための計画であると定義される。逆に言うなら、それまでの制度では、このような一体的で良好な環境をつくることができなかったことを意味している。この地区計画はかつての西ドイツのBプランをもとに作成された制度である。このBプランは西ドイツでは一般的な都市計画の制度であり、このことは西ドイツでは必ず地区全体の計画を行い、開発を行っていたことを表している。これは世界では決して珍しいことではなく、ドイツはもとよりヨーロッパの先進国では、このように「計画なくして、開発なし」ということが都市計画の前提となっている。

これに対してメニュー方式と呼ばれる日本の都市計画では、地区計画を用いた場合だけこのような地区全体についての開発や整備を行うことができる。導入当初、地区計画は、市街化区域に適用される制度であった。ところが一九九二年には、市街化調整区域でも地区計画を利用できるようになった。市街化を抑制するはずの地域で、良好な環境の地区をつくるというのだから、一体調整区域は何のためにあるのか問いたくなる。調整区域における地区計画の運用については、制度では「用途地域が定められていない」地域で、「不良な街区の環境が形成されるおそれ」のある場合に用いるとされている。これはとりもなおさず、調整区域では地区計画を用いないと、不良な環境の地域となるおそれがあること意味するものであり、市街化を抑制するために指定される区域で、無秩序な市街化が行われることを認めていると理解することもできよう。

その後、地区計画の適用範囲はさらに広がり、現時点では第一二条の五から一一まで、通常の地区計画のほか六つの特例的な地区計画、合わせて七種類が制度化されている。そもそも日常的な生活の行われる地区の計画を作成するのであるから、市町村が自由に運用すべきではないかと思うのであるがそうではない。ここでも日本の都市計画制度に特有のメニュー方式が取られ、国が設定した制度の中から市町村が適した地区計画を選ぶことになる。また規制内容に関してもメニュー方式が取られ、市町村が制度で用意されたメニューから選ぶことになっており、地域の実情に応じて自由に地区の整備を行うことはできない。

中央集権的なフランスでさえ、都市計画の権限が市町村に委譲されているのに対し、日本では地区の整備まで制度で定められた手法から選ばざるを得ないのであるから、国は市町村の整備能力をよほど評価していないようである。せめて住民が日常的に暮らす範囲の整備くらいは、最も身近な基礎自治体である市町村に任せることはできないのであろうか。

地区計画と地域都市計画プラン（PLU）を比較することにより日仏の地区全体を計画する手法の差を検討したい。

地区計画の最大の特徴は、地区整備計画が作成され、これにより用途地域などではできなかった建物の形態や意匠などについての規制を行えることである。この地区計画にそのまま対応するような制度は、地域都市計画プランにはない。ただ最も近い制度というなら、都市化予定区域（AUゾーン）において利用される総合整備事業ということになる。両者は一定の区域全体を対象として、土地利用だけでなく道路や建物の形態を含む整備を行う点で共通している。ただし地域都市計画プランでも、通常のゾーニングにおいて土地利用や建設は規定文書の一四項目により規制される。地区計画の制度では、「地区計画の方針」と「地区整備計画」が作成される。このうち具体的な計画や整備は地区整備計画により行われ、以下の三点から規制が行われる。

一、地区施設の配置および規模

二、建築物等の用途の制限
三、樹林地、草地など

このうち中心となるのは二の建築物の規制であり、一一の内容が定められている。ただし、これらのうちどの内容を用いるかは任意であり、すべての内容が地区計画に盛り込まれるわけではない。これらについて便宜的にアからサまで記号を付け、地域都市計画プランの一四項目と比較検討してみる。

下表のように、両者を比較すると、地区計画の規制内容は地域都市計画プランの一四項目によりほぼカバーされる。要するに、日本で良好な環境を整備するために利用される地区計画の制度は、フランスの一般的地域で用いられるゾーニングによる規制手法と変わらないことになる。

個別にみていくと、アの建物の用途の制限については、地域都市計画プランの第一、第二項目で対応している。都市計画法の中心をなす用途地域制では一二の地域が定められ、各地域で建てられる用途の建物が予め定められており、より厳しく規制するには地区計画を用いて用途を限定するほかはない。そもそも用途地域な

地区計画とPLU

記号	*	地区計画の規制	PLUの規制
ア	○	用途の制限	第1項、第2項
イ	○	容積率の最高限度	第14項
ウ	×	容積率の最低限度	
エ	○	建蔽率の最高限度	第9項
オ	×	敷地面積の最低限度	第5項
カ	×	建築面積の最低限度	—
キ	○	壁面の位置	第6項、第7項
ク	○	高さの最高限度	第10項
ケ	○	高さの最低限度	
コ	○	形態意匠の制限	第11項
サ	○	垣と柵などの制限	

（＊○：都市計画区域、×：市街化調整区域は不可）

どのゾーニングにおいて、市町村が自由に建物の用途を決めることができるなら、地区計画を用いて市町村が用途を限定する必要もない。これに対しフランスでは、すでに述べたように地域都市計画プランのゾーニングにおいて市町村に大きな自由度が与えられ、各ゾーンにおいて建設できる用途も市町村で決めることができる。

地区計画の大きな特徴は、これまでの規制の中心をなしてきた用途地域における建蔽率と容積率に加え、建物の高さや位置を規制できることである。すなわち、キの壁面の位置、クとケの高さの規制により、地域都市計画プランと同様に敷地上に建設できるヴォリュームが限定されることになる。このようにヴォリュームの規制が行われるなら、建蔽率や容積率はほとんど意味をなさないはずである。しかし日本では、実際の運用では後に述べるように、イやウの容積率、エの建蔽率などが大きな役割を果たしている。これは、道路境界や隣地境界からの後退距離が短く決められることが多く、建蔽率や容積率を定めないと住宅や建物が建て込むためである。この点地域都市計画プランでは、ディジョン市の場合にみたように壁面後退を行う場合には少なくても四メートル以上を定めているうえ、隣地境界からの後退についても最も緩和された場合でも高さの三分の一、かつ三メートル以上離すことを規定している。

コの形態意匠の制限やサの垣や柵の制限は、一般的な地域で景観を規制できる点で、地区計画の最も大きな特徴である。ただし地区計画は市町村域の一部に設定されるうえ、住宅地の整備以外に利用された場合、形態意匠の規制が用いられない場合も多い。これに対し地域都市計画プランでは第一一項により、すべてのゾーンを対象として建物だけでなく周囲を含めて、形態、外観、色彩、塀や柵の形状が規制される。

なお地区計画が市街化調整区域で用いられた場合には、アからサまでの一一の内容のうち、ウの容積率の最低限度、オの敷地面積の最低限度、カの建築面積の最低限度の三項目については、適用除外とされており、広い農地がある調整区域に、ゆったりとした住宅地を形成することを想定している。これは地区計画を利用して、調整区域に田園都市的な街を計画することを表すと解釈できるが、そもそも調整区域は市街化を抑制する区域とされており、建設自体が矛盾するものである。

反対に、下表のように地域都市計画プランによる一四項目に対して地区計画の規制内容をみると、一四

PLUと地区計画

PLUの基準項目	地区計画*1	内容
1	ア	禁止される土地利用
2		許可される土地利用、地域ごとに特有の条件
3	*2	公道への接続条件、アクセス方法
4	—	上水道、下水道、電気やガスの配管、雨水排水
5	オ	最低限の敷地面積
6	キ	公道や公共空間に対する壁面後退
7		隣地境界からの建物の後退距離
8	ー	同じ敷地における複数の建設方法
9	エ	建蔽率
10	ク、ケ	高さの最高限度
11	コ、サ	建物の外観と周辺の整備
12	ー	駐車場の整備方法と建物の用途に応じた駐車台数
13	*3	緑地率
14	イ、ウ	容積率

*1 ア～サは185頁の表と対応／*2 地区施設の配置と規模（法第12条の7 第3項1号）
*3 土地利用に関する事項（同第3号）

項目のうち地区計画でまったくカバーされない項目が三つある。

まず第四項の上下水道、電気やガスなどのインフラの整備や、雨水排水については、地区計画では述べられていない。というか都市計画法そのもので、これらインフラ整備についての言及はほとんどなく、開発許可の際に下水道法の基準が参照される程度である。要するに日本では都市計画の対象は、土地利用とウワモノと呼ばれる建物の規制が中心で、地面から下のインフラについては対象外とされる。

この点地域都市計画プランでは、前節でみたようにインフラ整備が重視されており、都市化を行う地域の選定においても大きな役割を果たしている。すなわち都市化予定区域での開発を行う際には、隣接した地区のインフラが整備され、容易に利用できることが条件となっている。日本の地区計画では、このような規定はなく、この結果以下のような問題がある。

第一に、コストの問題がある。地区計画は市街化調整区域でも利用できるが、この際に上下水道、電気、ガスなどが利用できるか検討することは都市計画法では述べられていない。本来、市街化を抑制する目的で設定されている市街化調整区域なら当然これらのインフラは未整備か、たとえあっても水準は高くない。この結果調整区域で地区計画を行う場合、新たにインフラの整備を行う必要があり、これらのコストが上乗せされることになる。

第二に景観の問題がある。フランスやヨーロッパを訪れたことのある人なら、ほとんどの市街地で電柱や電線のないことに気づくはずである。この電線の地中化は、第四項のインフラ整備の項目により規定され、ディジョン市でみたように電線を地下埋設することが指示される。このように地下に埋設されるインフラ整備の一環として電線の地中化が定められるなら、日本のように市街地が形成された後、景観に配慮して電線の地下埋設を検討する必要はない。

第三に、環境の視点が欠如している。すでに述べたように第四項は、単なるインフラ整備にとどまらず、排水や雨水の処理により環境保全を行うことを定めている。ディジョン市では、雨水の地下浸透を優先させて配水管が溢れるのを防ぐ、あるいは雨水の再利用を行うことで水資源の節約を行うことなどを規定している。このような視点は、日本の都市計画自体にまったく欠如している。

また第八項の、同じ敷地における複数の建物の建設方法についての規定もない。これは敷地にいくつかの建物が建てられるとプライバシーの点で問題があるため、開口部からの視野を規制することを目的としている。日本ではこのような規制がないため地区計画にも取り入れることができず、筆者の勤める大学の付近にも、窓を開けると隣の家の窓が目の前にあるような学生用の小さなアパートが建ち並ぶ光景が見られる。

第一二項の駐車台数についても、都市計画法や建築基準法では定められていない。すなわち日本では、駐車場をどうするかは各店舗で決める問題である。これに対し地域都市計画プランでは、店舗やオフィスなど個人の事業に対しても建物の用途に応じて一定台数の駐車場を用意することを定めており、環境グルネル法はこの規定を利用して、公共交通の利便性のよい地域で駐車台数を制限することで、公共交通の利用を促すことを求めている。

つぎに地区計画と総合整備事業とを比較してみる。総合整備事業が行われるのは都市化予定区域であり、ゾーニングの一環として市街地の拡張を考えるならほぼどの市町村も必ず用いることになる。これに対し地区計画に関しては、これを利用するかどうかは市町村の任意である。また都市化予定区域には、広い区域もあれば狭い区域もあり、この点総合整備事業は対象地の広さについて限定されることはない。これに対し地区計画は、用途地区など他のゾーニング内の一部を対象として詳細な規制を行う制度であり、当然限定された地域が対象となる。

しかし最大の違いは、整備における強制力の差である。総合整備事業では、自治体は対象となる都市化予定区域の土地を土地所有者から取得して整備する。この取得については、政府の専用の機関が担当するため、自治体は整備を行うだけである。一方地区計画では、土地の取得も整備も自治体が担当し、対象地について土地所有者の合意が得られない場合には、合意できた範囲から整備事業を先行して行うことになる。これは都市計画の制度の差であるとともに、より大きな意味で土地の公共性の問題であると言えよう。

足利市の地区計画

足利市を例にして、日本の地方都市における地区計画の運用方法を検討していく。足利市ではこれまで、地区計画が八例用いられている。このうち二地区は住宅地の建設で、他の六地区は工業に関わっている。良好な環境の地区をつくることを目標に制度化された地区計画が、工業用地の整備に利用されているのは意外である。足利市は織物を中心に発展してきた街であり、繊維工場が市街地にあり、住宅や商業と併存してきた。しかしこの三〇年ほどの間、繊維産業は衰退したため、新たに工業を誘致する必要があり、そのため工業用地の造成に地区計画が利用されている。

　これに対し、二地区は良好な住宅地の形成を目標にしており、地区計画の本来の目的を体現

足利市の地区計画

名称	面積	目標
上渋垂	6.9ha	交通インフラを活用した流通業務施設の集積を図るとともに住宅地を整備する
堀里ニュータウン　東地区	7.6ha	市街化調整地区にある。公的な分譲を行い、周辺の自然環境と調和した、良好な住宅地の形成を目指す。東地区は個別住宅だけであるが、西地区は共同住宅も建設する
堀里ニュータウン　西地区	3.9ha	
大月地区	23.6ha	工業を導入するため、地区全体の整備を行う。2地区とも、敷地面積の最低限度を定める
助戸地区	19.2ha	
西久保工業団地	＊	工業を中心とする地区にするため、建物の用途を制限する。周囲に緩衝緑地を設ける
葉鹿橋左岸	4.3ha	染色関連の作業所と共同住宅が混在しているので、共存を図るようにする
足利インタービジネスパーク	＊	北関東自動車道のインターチェンジに工業団地を設けるため整備を行う

＊：決定前

している。これらは市街化調整区域に計画された堀里ニュータウン東地区、西地区であり、公的な分譲を行い、周辺の自然環境と調和した住宅地の建設を目的としている。しかし市街化調整区域で新たに住宅地を建設する意味はどこにあるのだろうか。市街化区域でさえ農地や空き地が十分あるうえ、かつての中心部では空洞化が進み遊休地まで生まれている。このような中で、本来市街化を抑制するはずの地域に住宅地を建設することは、既成市街地からの人口の流出を促し、中心地の衰退に拍車をかけることになる。またこの二地区は市街化区域に接しているとはいえ調整区域にあるため、上下水道、ガス、電気などのインフラが未整備である。

　堀里ニュータウンのうち八九区画の住宅地を整備した西地区を取り上げ、ここ

[右]地区計画と工業団地の整備。大月地区の地区計画では工業団地の整備が行われている。[左]堀里ニュータウン西地区の案内板。

で作成される「区域の整備、開発又は保全に関する方針」と「地区整備計画」の内容をみていきたい。

　前者は、土地利用に関して低密度で閑静な住宅地を形成するため、最低宅地規模を定め、低層住居専用地区とすることを述べている。そのため整備方針として、区画道路とともに公園を配置すること、低層住宅の専用地域として建物の用途を制限するとともに、建築物の意匠や垣や柵についても規制を行うことを指示している。

　このような方針を具体化するために、地区整備計画が作成され、地区施設の配置と建築物の規制が定められる。

　地区施設では、道路と公園が文書で説明されるとともに図面により表される。道路に関しては六種あり、幅員とともに歩道の有無が表される。道路の

計画において、クルマだけでなく歩道も考えることは評価できるが、フランスならさらに二酸化炭素排出量を抑制することが求められ、モーダルシフトの一環として自転車道が設置されることになる。公園も二か所設置されるが周囲には農村部が広がっており、家屋の密集した中心市街地ならともかくどれほど公園としての意味があるのだろうか。

建築物の規制については、下表に示すように、都市計画法で決められた一一の規制内容のうち八つを用いて、規制方法が定められている。まず用途については、住宅、店舗併用住宅、それに診療所だけが認められ、それ以外は公共施設として交番の設置が許可される。用途地域で最も厳しい規制の行われる第一種低層住居専用地域と比べても用途はずっと限定されているが、何しろ対象地は八九区画なのでそれほど多様な用途

地区計画　堀里地区での建築物の制限

用途の制限	住宅、店舗併用住宅、診療所、交番など	
容積率	100%	
建蔽率	50%	
敷地面積	200㎡以上とする	
壁面の位置	道路境界から1m以上離す 隣地境界から1m以上離す	
高さ	建物の高さ9m以下、軒の高さ6.5m以下 北側に向かい5m+1.25×後退距離	
形態と意匠	建物	・落ち着いたデザイン、華美な装飾を避ける ・原色を避け、周辺環境に配慮する
	広告	以下の禁止 ・高さ2.5mを超えるもの ・一辺の長さ1.2以上のもの ・表示面積の合計が1㎡を超えるもの ・原色の使用
	門	・木造 ・RC造の場合　高さ1.5m以下 片側の延長1m以下
垣根や塀	①道路境界生け垣とする ②隣地境界　・生け垣 ・鉄柵、金網など透視可能なもの ・RC造では高さ1.5m以下	

の施設を必要とするわけではない。このような小規模な住宅地についても、地区計画を用いないと用途を厳しく規制できないことに問題があるように思われる。ディジョン市の地域都市計画プランならば、総合用区域の中に、特定の用途の地区を自由に設定することができた。日本でも、このように市町村が独自に特定の用途の地域を設定できるなら、地区計画を用いて用途を規制する必要もなくなる。

建築物の大きさについては、高さとともに道路境界と隣地境界からの壁面後退が定められており、地域都市計画プランと同様、建てることのできるヴォリュームが敷地上で決められる。しかしながら高さはともかく、壁面の位置は道路や隣地からわずか一メートル以上離せばよく、この程度の規制では建物がかなり建て込むことになる。このため用途地域と同様、建蔽率と容積率が大きな役割を果たすことになる。

地区計画でつくられた公園。堀里地区計画では、公園も計画されている。

敷地面積については二〇〇平方メートル以上に設定している。このように広い敷地面積を設定して低密度の住宅地を形成することを意図するなら、壁面の位置についてもう少し厳しい規制が必要であろう。地域都市計画プランのように、建物の高さと連動した壁面の後退を行うなら、日照やプライバシーに配慮した計画を行うことができよう【第六章参照】。

地区計画の最も大きな特徴とも言える形態と意匠については、建物だけでなく広告、門が規制対象となっている。建物については、落ち着いたデザイン、華美な装飾を避ける、原色を避け周辺環境に配慮することが規定されている。このような建物の外観についての規制では具体的な基準は示されておらず、建築確認申請の際に建物の形態や色彩が評価される。なお原色を避けることは求められていても、ディジョン市のカラーパレット【第六章参照】のような特定の色彩を用いることは指示されていない。この結果、落ち着いた色彩の街並みにはなっているものの、色彩や材料の統一感は感じられない。それでもあらゆる色彩の氾濫する一般の街並みと比べるなら、ずっと落ち着いた雰囲気になっている。

垣根や柵については、道路境界と隣地境界に分けて規制される。道路に面している部分は、ここを通る人々からよく見えるので生け垣とすることが定められている。このように街を行く人の側に生け垣があることは、緑地の多い環境にふさわしいうえ、視野も開けるので望ましいことである。しかし隣地境界に限るとはいえRC造の塀が許可されていることは、自然環境と調和した低密度の住宅地にするうえで問題があろう。

地区計画では住宅の形態や意匠の制限が行われる。

このように地区計画を用いた住宅地では、一般の用途地域よりもずっと優れた景観を形成することができる。それでも壁面後退の位置、色彩や材料の統一性など、フランスの一般地域に適用される地域都市計画プランの規制に及ばない面も多い。また環境の保全の点についても、雨水や排水、あるいは電線の地中化などインフラ整備についても制度に規定されていないため考慮されていない。

第六章　美しい景観が引き出す持続可能性

6

風景と景観の違い

景観と風景との違いは何だろうか。人により様々な見解があろうが、これらに結びつく言葉を考えると相違が明確になると思う。たとえば「心象風景」と言うが「心象景観」とは言わない、「原風景」という言葉は耳にするが「原景観」は耳にしない、「思い出に残る風景」と聞くことはあっても「思い出に残る景観」とはあまり聞かない。こう考えるなら景観とは都市であれ自然であれ眺める対象でしかないのに対し、風景とはこれらに対する印象や感じ方あるいは記憶にとどめるイメージなど人の主観、あるいはさらに柔らかい言葉を用いるなら人の心が関係するものであると理解することができよう。したがって景観については単なる対象として「よい景観」や「よくない景観」としてプラスにもマイナスにも表現できるが、風景とは心に映し出されるものなので、必然的に「よい風景」であり、「よくない風景」と言うことはない。

こう考えるとき、思い出されるのはワルシャワである。ワルシャワ市民は、第二次世界大戦により灰燼に帰したかつての街並みをそのまま復元した。市民にとってかつてのワルシャワの街は世界のどこにもない風景であり、市民が風景を再建し、取り戻したということができよう。このことは街が風景となるには、街に個性があり市民が愛着をもつとともに、時間の要素が深く関わっていることを表している。すなわちワルシャワの街並みが永く変わらぬ姿をとどめ、ここに市民が永く住み続けてきた歴史のあることが、市民にとっての風景をつくり出してきたわけである。街の個性、市民の居住、そして歴史性、これらが風景をつくり出す要素ではないだろうか。

それでは現代の日本はどうだろうか。今の日本で果たして自分の住む街や都市に風景を感じることができるだろうか。日本の大都市では、五年や一〇年で街の姿が一変する。また郊外をみるなら、駅や幹線道路の周囲にどこでも変わらぬ市街地が瞬く間に形成されている。これではとても風景を感じることはできないだろう。一方フランスではディジョン市にかぎらず、どこの都市でも旧市街地には変わらぬ街並みが存続しているだけでなく、幾世代も人々がそこに住み続けている。また郊外の一戸建ての住宅地でも、整然とした住戸が変わらぬ姿を留めている。これは、ゾーニングにより建設できる地域が限定されているうえ、建築についての厳しい規制により、住み続けたいと思うような整然とした街並みが、そこに住み続ける人々にとって風景となっている。

ここで持続可能性の点から風景や景観を考えてみたい。すでに述べたように、持続可能性とは温室効果ガスによる地球温暖化という環境問題への対応を表す。日本の都市のようにスクラップ・アンド・ビルドを繰り返すなら、取り壊しの際だけでなく建設の段階でも、二酸化炭素が排出される。したがって再開発というと聞こえはいいが、実際には都市の使い捨てであり、単に景観を変えるだけではなく地球の持続可能性を損なう行為であると言えよう。

持続可能な景観とは、都市や街並みの形態だけの問題ではない。それは旧市街地にせよ新しい住宅地にせよ、街に固有の変わらぬ姿があり、住民が住み続け、風景であると思える街の姿である。景観を守ることは、都市化が無秩序に進行し農地や自然が漫然と失われていくことを防ぐことと言える。都市計画により人々が残したいと思える、風景となる街並みをつくり出せるなら持続可能性に役立っているといえよう。

建物をヴォリュームで規制する

持続可能な景観は、市民が住み続けることにより風景であると思えるような街並みがつくり出す。

このような都市空間をつくることが地域都市計画プラン（PLU）の大きな役割であり、その基本となるのが建物や敷地の形態規制である。

日本ではフランスの都市というと、すぐに高さの揃った街並みを思い浮かべるようである。しかし制度上は、高さ規制ではなく壁面後退が必須の項目とされる。フランスでは歴史的に、公共空間である道路と私有地との境界に建物のファサードがつくられてきており、この境界が建築線(alignement)と呼ばれ重視されてきた。この建築線は、いわば壁面後退を行わない場合の建物の位置である。このような歴史があるため、現在でも道路境界に対する壁面の位置が重視されている。

壁面後退をはじめ敷地の利用や建物の建設手法は、下表で示すように、地域都市計画プランの規定文書の一四項目により定められる。この一四項目のうち、制度上必ず設定すべきとされるのは第六項の「壁面後退」と第七項の「隣地からの後退」の二項目であり、他の一二項目は任意とされる。しかしこれは制度上のことであり、ディジョン市をはじめ多くの市では一四項目を用いることが多く、特に第一〇項の高さ規制は、隣地からの後退の際の基準となるため、ほぼ必ず設定される。すなわち隣地からの後退についてはほとんどの場合、建物の高さを基準として、高さの三分の一あるいは四分の一以上離すというように設定される。

この壁面後退、高さ規制、隣地からの後退の三項目によ

PLUによる敷地利用と建物の規制：14項目による敷地利用と建物の規制

項目	必須かどうか	内容
1		禁止される土地利用
2		許可される土地利用、地域ごとに特有の条件
3		公道への接続条件、アクセス方法
4		水道、下水道、電気やガスの配管、雨水の排水方法
5		最低限の敷地面積
6	必須	公道や公共空間に対する壁面後退
7	必須	隣地境界からの建物の後退距離
8		同じ敷地における複数の建設方法
9		建蔽率
10		高さの最高限度
11		建物の外観と周辺の整備
12		駐車場の整備方法と建物の用途に応じた駐車台数
13		緑地率
14		容積率

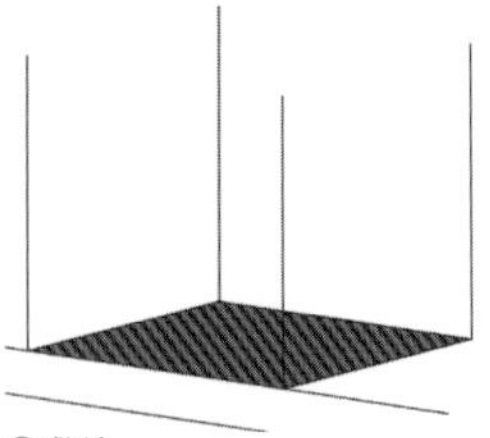

① 敷地

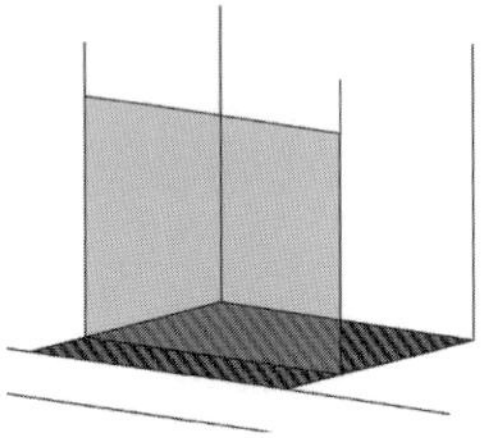

② 壁面後退（第6項）

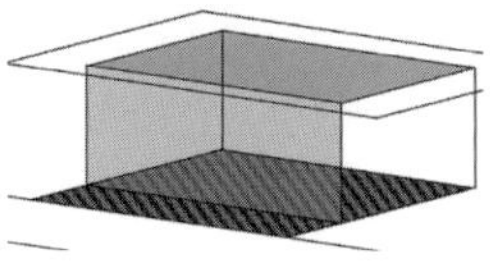

③ 高さ規制（第10項）

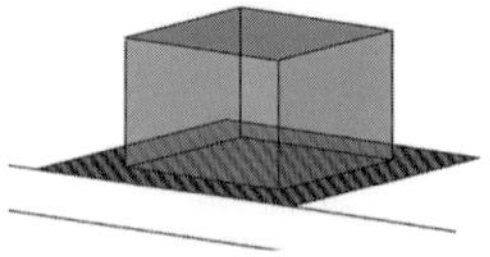

④ 隣地からの後退（第7項）

り、建物の建てられるヴォリュームが図で示すように敷地上で決められる。まず第六項の壁面後退により、前面道路からの後退距離が決められる。続いて第一〇項の高さ規制により、建物の高さが決められる。最後に第七項の隣地からの後退距離により、両側の隣地と背後の隣地からの後退距離が設定される。この結果、敷地上に建物を建てられるヴォリュームが表される。

このように建てられるスペースが三次元で表されるため、第九項の建蔽率や第一四項の容積率は項目としてあるもののほとんど意味をなさない。

このような建設手法は、日本の場合と同様に道路境界や隣地境界から離して建物を建てる場合である。これとは別に、フランスではもうひとつの建設方法がある。すなわち、両側の建物に接して建物を建てる方法である。これはフランスに限らず、石の組積造で建物を建てるヨーロッパの国々で伝統的な建設方法であり、この結果高密度な都市空間が形成されてきた。ル・コルビュジエはこのような街の姿を批判して、太陽、緑、空間のある都市を提案したことは周知の通りである。フランスでは現在の制度でも、このような伝統的な建設方法は許可される。しかし採光や通風を考慮して、建物の高さは道路幅以下に規制される（下図を参照）。

したがってフランスには現在でも、敷地に建物が独立して建てられる場合と、両側の建物に接して建てられる場合のふたつの建設手法、そしてこの結果生まれるふたつの都市形態がある。どちらも市町村の意向により、地域都市計画プランを運用してつくられる。

用途を考慮したヴォリューム規制

制度によるヴォリューム規制が実際にどのように行われているか、ディジョン市における壁面後退、高さ規制、隣地からの後退を検討していきたい。高さについては次項で述べるので、ここでは壁面後退と隣地からの後退を考える。

四つの区域のうち事実上建設できるのは都市化区域だけである。ディジョン市ではこの市街化区域として総合用（UGゾーン）、産業用（UEゾーン）、公共施設用（UZ

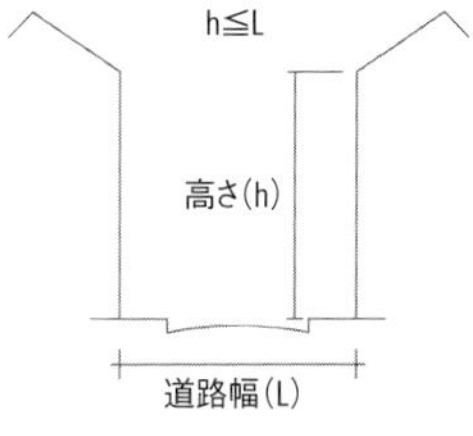

道路幅による高さ規制

ゾーン)の三区域を設定しているので、これら三区域を中心にヴォリューム規制を述べていく(下表を参照)。

必須とされる第六項による壁面後退については、都市化区域の三区域と都市化予定区域では歴史的に建築線と呼ばれてきた前面道路との境界に建物を建てること、すなわち壁面後退を行わないことも認められる。これは高密度の都市空間とするため、中心市街地やその周囲で用いられる。それまでの土地占有計画(POS)では、採光や通風、緑化を考慮して壁面後退を求めることが多かった。これに対し地域都市計画プランは、連帯都市再生法の指示にもとづき郊外へのスプロールを抑制するため市街地の高密度化を行うことを目的としており、道路境界上での建設を大きく緩和している。

道路境界沿いの建設を幅広く認める一方、壁面後退を行う場合についても当然規定されている。ただし市域の半分以上を占める総合用区域では、壁面後退も六メートル「以内」としており、敷地の有効利用による建物の高密度化を指示している。一方産業用区域や公共施設用区域では壁面後退を行う場合には五メートル以上と定めており、安全性や人々が集まることを考慮して、建物の周囲

ゾーニングとヴォリューム規制

	壁面後退(第6項)		隣地からの後退(第7項)		高さ規制(第10項)
	境界	後退距離	境界		
UG区域	○	6m以内	○	高さの2/3以上 4m以上	7〜21m
UE区域	○	5m以上	○	5m以上	12〜18m
UZ区域	○	5m以上	○	5m以上	21m
AU区域	○	5m以上	○	AUG　高さの1/3以上 3m以上	計画による
			○	AUE　高さの1/2以上 5m以上	
A区域	—	10m以上	—	6m以上	農業用12m その他7m
N区域	—	一般5m以上 公共施設2m以上	—	一般　5m以上 公共施設　2m以上	既存建築に合わせる

に大きな空間を確保している。また農業区域と自然区域では、当然壁面後退もそれぞれ一〇メートル以上、五メートル以上と長くなっており、広大な空間に施設をゆったり配置することを定めている。しかし自然区域でも、公共施設を設置できる地区については、壁面後退は二メートル以上と短くなっている。これは公共施設をできるだけ集約して配置することにより自然空間を保護するためである。

日本では壁面後退については風致地区で行われるが、後退距離は二メートル前後であることが多い。それ以外では壁面後退が行われないことを考えるなら、地域都市計画プランでの壁面後退は非常に厳しいものになっている。したがって地域都市計画プランは、壁面後退を行わず高密度にする中心部と、壁面後退を行いゆったりと敷地を利用する周辺部とそれぞれ異なる建設方法を用いることができるようにしている。

隣地からの後退についてみると、都市化区域用の三区域に関しては両側の隣地に接して建てることも許可される。しかしこのような建設手法は、中心部にある歴史的街並みと連続した都市空間を形成するため旧市街地の周囲に限定されて用いられる。隣地から離す場合には、総合用区域では建物の高さの三分の二以上あるいは四メートル以上離すとされ、日本と比べるとずっと厳しくなっている。それ以外の産業用区域、公共施設用区域では、どちらも隣地から五メートル以上離すことになっており、広い敷地に工場や公共施設をゆったり配置することが規定されている。このように地域都市計画プランでは、隣地後退についても壁面後退と同様、区域の用途に応じて後退距離が決められている。

これに対し日本では隣地からの後退に関しては、用途地域については第一種・第二種低層住居専用地域のみ、しかも「必要に応じて」外壁から一・五メートル離すことが求められるだけである。用途地域は住居系、商業系、工業系に区分されているが、用途に合わせて隣地後退を行うことは考えられていない。工業系の用途地区など、景観以前に安全性の点から隣地からの後退を考慮する必要はないのだろうか。

高さと密度で導く都市のシルエット——都市形態計画（PFU）

都市のシルエット(epannelage)とは、建物群がつくりだす都市の輪郭のことである。以前の土地占有計画においても、ディジョン市の東西と南北方向の断面が分析され、ゾーンごとの建物の高さが決められていた。地域都市計画プランでは、さらに広域統合基本計画において指示された都市と農村との境界も含んで高さが設定されている。都市のシルエットは建物の高さが中心部で最も高く、周辺の農村部や自然空間に向かうにしたがい低くなるように設定される。それとともに建物の密度に関しても、中心部を高密度の市街地とする一方、農村部に向かうにつれ密度が低くなるようにすることで、人工的な空間から自然地域へと段階的に移行することが考えられている（下図を参照）。

都市のシルエットをつくるうえで最も重要な規定である高さについては、用途の複合を目的とした地域都市計画プランでは総合用区域と産業用区域において大きな区域が設定されているため、各区域の中で高さ専用のゾーニングを行う都市形態計画（PFU, Plan des Forms Urbains）が作成されている。これは次頁に示すように、図面上に、凡例で表された高さのゾーンを表すものである。このゾーニングと高さについては、それ以前の土地占有計画（POS）が参照されている。

都市のシルエットを形成するうえで関連する項目は、建物のヴォリュームに関する規定である第六項の壁面後退、第七項の隣地からの後退、第一〇項の高さ規制だけでなく、第九項の建蔽率、第一三項の緑地率、さらに第一一項の建物の外観など多岐にわたる。この中で最も重要なのは、高さ規制であることは言うまでもない。しかしそれとともに、都市の密度も都市のシルエットにおいて大きな意味をもっている。すなわち隣地からの後退の規定など、両側の建物と接するように設定するなら高密度の空間に導くことができる。一方建蔽率について、都市と農村部の境界に設定したゾーンで低く設定するなら、住戸がまばらに存在するようになり、次第に自然空間に移行するシルエットをつくることができる。

都市のシルエット

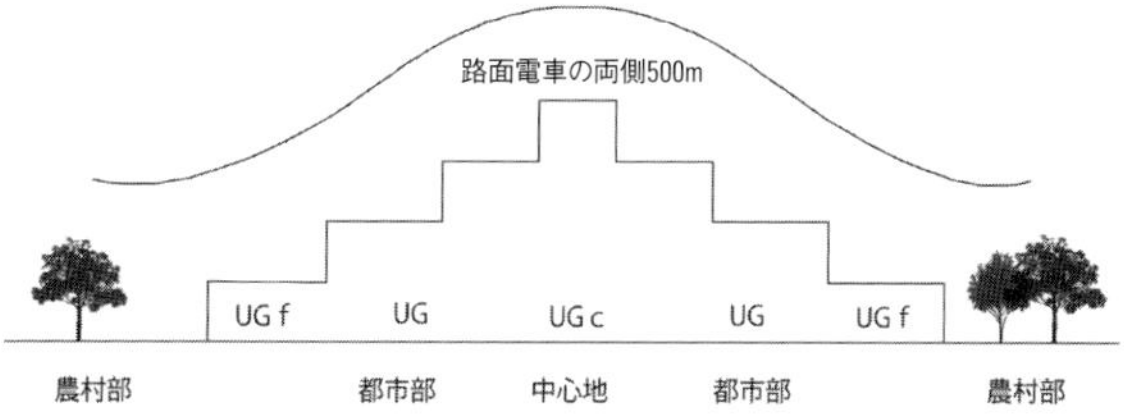

市域の半分以上を占める総合用区域（UGゾーン）に関しては、二一メートルから七メートルまで七種の高さが設定されている。総合用区域については、連帯都市再生法により要請された市街地の高度利用を行うため、中心地にUGc地区が指定されている。このUGc地区では、UG地区で最も高い一八メートルに一メートルを加えた高さが許可される。また環境グルネル法は公共交通の発達した地域を高密度にすることを求めており、ディジョンの広域統合基本計画や都市交通計画において具体的に指示されている。この結果都市形態計画において、UGc地区の中でもトラムの路線沿いの特定の大通りの両側五〇〇メートルについては、最も高い二一メートルが設定され

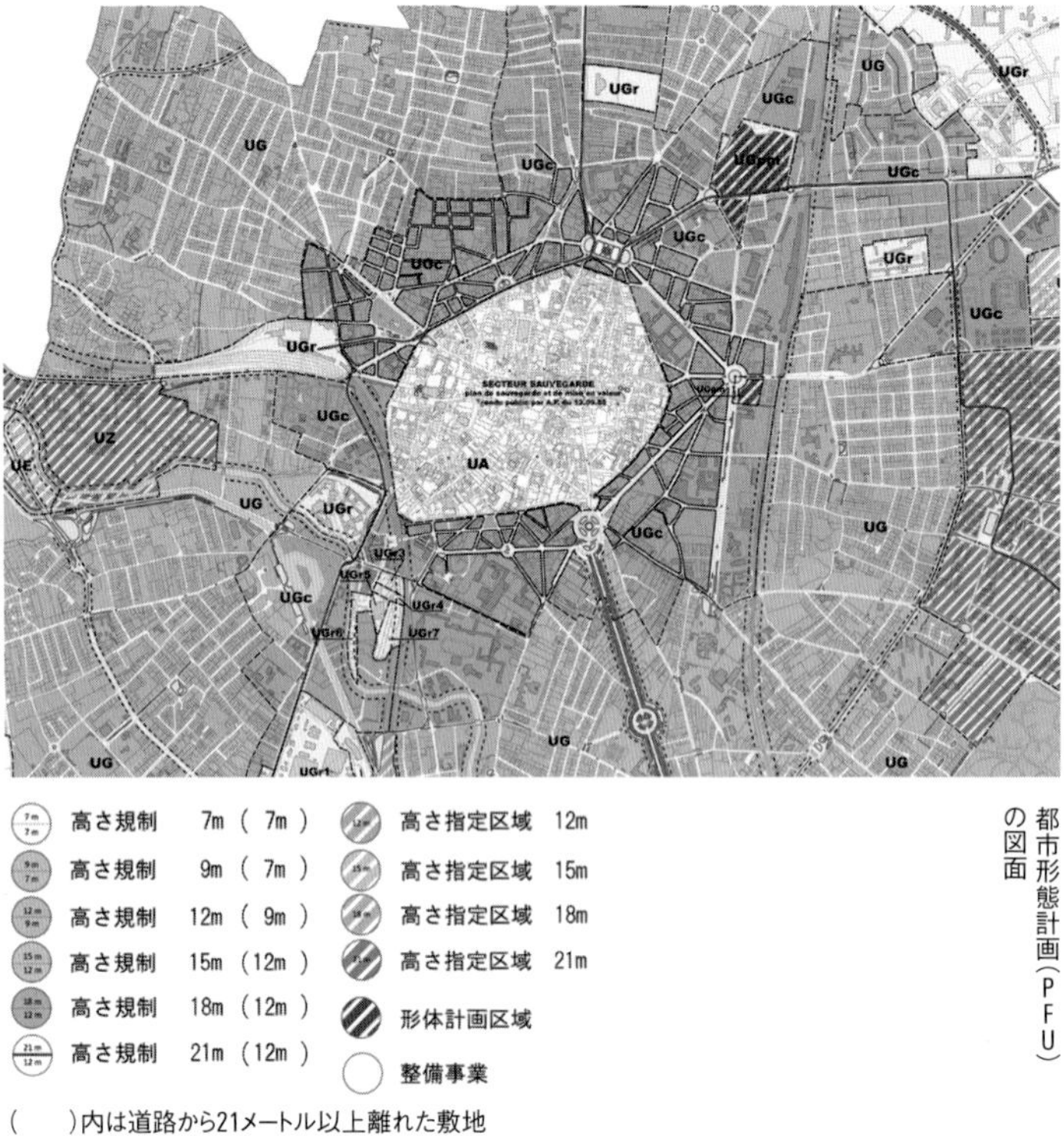

	高さ規制	7m (7m)		高さ指定区域	12m
	高さ規制	9m (7m)		高さ指定区域	15m
	高さ規制	12m (9m)		高さ指定区域	18m
	高さ規制	15m (12m)		高さ指定区域	21m
	高さ規制	18m (12m)		形体計画区域	
	高さ規制	21m (12m)		整備事業	

都市形態計画（PFU）の図面

ており、公共交通の利便性の高い地帯として高密度の市街地に誘導することが図られている。

このUGc地区を除く一般のUG区域に関しては、以降の写真と表で示すように、都市形態計画では中心地から周辺部へと向かうにしたがい一八メートル、一五メートル、一二メートル、九メートル、七メートルと次第に低くなるようにゾーニングされている。この結果ディジョン市を遠望するなら、中心地から周囲の農村部へと移行するにつれ、次第に建物の高さが低くなる都市のシルエットが描き出されることになる。それとともに農村部や自然地域との境界にはUGf地区が設

［上］UGｃ地区でもトラム沿いの特定の大通りに関しては、高さは最も高い二一メートルに設定される。
［中］UG区域、高さ一五メートル規制の地区。
［下］UG区域、高さ一二メートル規制の地区。

定され、高さ七メートルとともに低密度の空間とするため建蔽率が二〇パーセントに設定されている。このため都市部から農村部へと移行する空間であることが、高さとともに住戸密度を通して表される。

また産業用区域に関しても、都市形態計画において一八メートル、一五メートル、一二メートルの三種の高さが設定され、図面で表されている。産業用区域はディジョン市でも南部と北部の周辺部にあり、既存の工場が立地している。このため高さ規制も、既存の建物の高さに合わせるように設定されており、ゾーン内での高さの統一を考えている。

[上]UG区域、高さ九メートル規制の地区。
[中]UG区域、最も低い七メートル規制の地区。
[下]産業用区域では三種の高さがある。これは高さ一八メートル規制地区。

都市形態計画による高さ規制

UGc	路面電車沿い500m：21m それ以外：周囲のUG+1m	
UG	18m	都市形態計画によるゾーニング
	15m	
	12m	
	9m	
	7m	
UGf	7m	
UE	18m	都市形態計画によるゾーニング
	15m	
	12m	

世界遺産を目指し視野を保存——円錐形規制

ゾーニングのような面的な規制ではなく、実際の場所に立った際に見える景観を保存するフュゾー（紡錘体）規制は、パリにおいて導入された手法である。この手法は一般化され、以前の法定都市計画である土地占有計画で使われるようになり、地域都市計画プランでも継承されている。ただし名称として、フュゾーに代わり円錐形規制（cône）が用いられている。これは人間の視野が目を頂点として円錐形に立体的に広がるためであり、特定の地点から見た景観を保全する手法として用いられる。

さらに広域統合基本計画では丘の上などの特定の地点だけではなく、農村部や自然地域を走る道路から見た景観、すなわちシークエンス景観もこの円錐形規制により行うことが指示されており、道路を通る際に広がる視野全体の保全を求めている。

ディジョン広域圏では、世界遺産への登録を目指すワイン生産地において景観を保全するために円錐形規制の手法が用いられている（下図を参照）。農業区域については、景観は厳しく

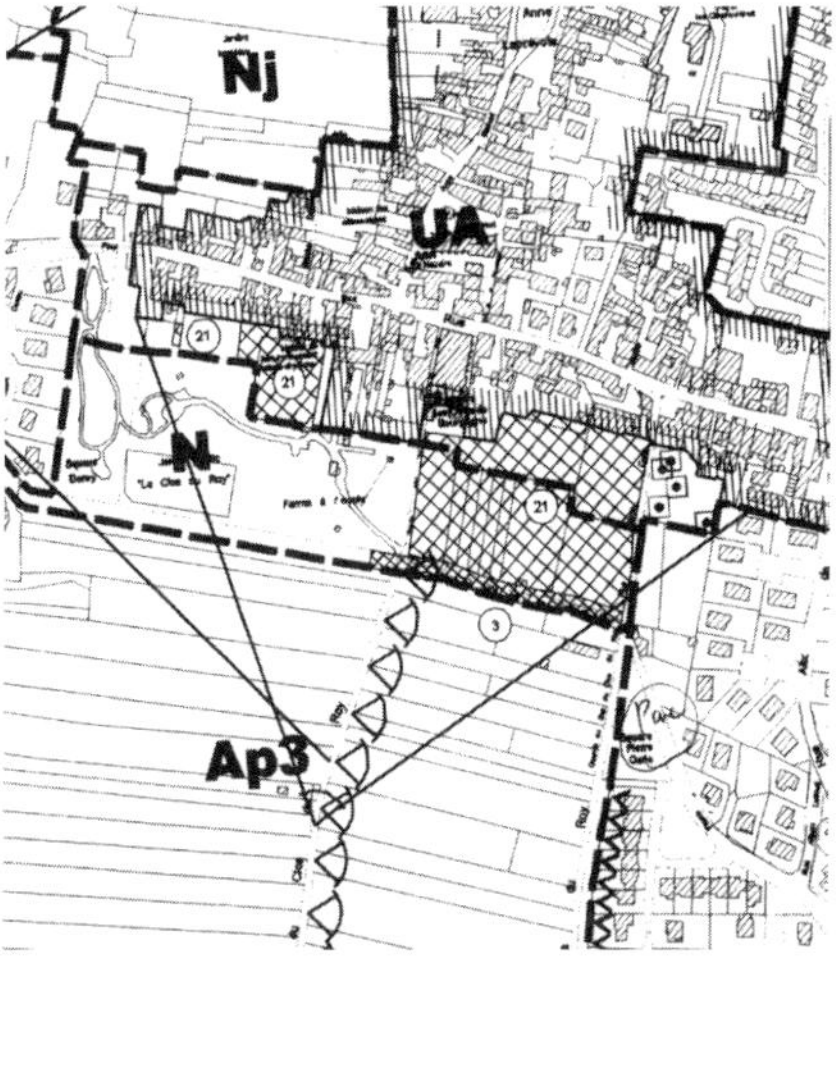

円錐形規制の図面

規制されているうえ、特にワイン生産地についてはAv地区が設定され、ワイン生産関連の施設以外は農家の住宅でさえ禁止される。このようなゾーニングによる面的な規制に加え、円錐形規制を用いて特定の地点や道路から実際に見える景観も保存している。

ワイン生産のためのブドウ畑は、丘陵の側面に沿って帯状に南北に連なっている。このうち特に優れた景観に関して円錐形規制が用いられ、図面上で視点とともに視野の広がりが表される。ディジョン市南部に隣接するシュノーヴ市における事例をみると、丘陵に沿って帯状に続くブドウ畑の上に平行して農業用の道路が通っている。この道路から前方を見た場合の景観と、道路沿いに移動した際のシークエンス景観――すなわち道路に沿って進んだ際に丘陵の下に俯瞰される景観――、このふたつの場合について円錐形規制が行われている。

どちらの場合にも、円錐形に広がる視野を保存するため、保全対象となる景観の前方とともに背景について建設が規制される。すなわち、ブドウ畑の前方に建物を建てることが禁止されるだけでなく、背景に関しても景観を損なうような高い建物を建てることは禁止される。この円錐形規制は、面的なゾーニングによる景観規制に比べ、実際に見える景観を保全することができるため、世界遺産の登録の際に求められるバッファゾーンの確保に極めて有効な手法である。ディジョン市はワイン生産地を世界遺産に登録することを目指しているが、ゾーニングによる

円錐形規制。ブドウ畑のシークエンス景観を保存する。

建設の規制に加え、すぐれた景観を眺めることのできる地点や道路を円錐形規制により保全するなら、世界遺産にふさわしいバッファゾーンを確保できると思う。

建築は公益である――形態の規制と誘導

フランスの「建築に関する法律」の第一条は、「建築は文化の表現である。建築の創造、建築の質、これらを環境に調和させること、自然景観や都市景観あるいは文化遺産の尊重、これらは公益である」と定義している。この規定は、フランスでは建築を公益として法的に規制できることを意味している。これに対し日本では建築は私有財産であり、個人が好きなように建てることができる。

建物が周囲の景観と調和しているかについては、何を基準とするかが問われる。フランスの場合、地域都市計画プランの規定文書の第一一項は「建物の外観と周囲の整備」であり、この規定にもとづき判断される。もちろん規定があるにせよ、周囲の景観に建物が調和するかどうかについて規定だけでは判断できないような場合も当然起きるが、その際には歴史的に積み重ねてきた市民の美意識にもとづき行政が判断することになる。すなわち市民にとってディジョン市の街並みが原風景となっており、この風景と調和するかどうかについては歴史的なコンセンサスが市民や行政の間にできているわけである。

フランスでは前述のような建築についての定義により、景観的にふさわしくない建物を修正し、好ましい形態に誘導する手法がある。都市計画法典のR.123-12に定められた形態誘導計画（plan de masse、直訳するなら全体計画）で、都市化区域と都市化予定区域で利用できる。これは土地利用が混乱している場合や建物が周囲に対し不適切な形態をしている場合に用いられ、秩序ある土地利用、あるいは建物を敷地や環境に適した形態に導くことを目的としている。この形態誘導計画は、自治体が望ましい形態を決めるものであり、公益の点から建築を規制するという「建築に関する法律」の第一条の精神を最も直截に表している。望ましい形態については、都市計画法典では三次元で図示するものとされているが、実際には現在ある建物の配置図上に、新たな建物の配置方法と高さが図示される。

この形態誘導計画は、第四章のゾーニングで述べたUGpm地区により表されており、ディジョン市においてこれまで三例用いられている。ここで紹介する例は、円形ロータリーの周囲に四角い建物がいくつか建てられている場合の形態の修正である。フランスではパリによく見られるような、ロン・ポワンと呼ばれる円

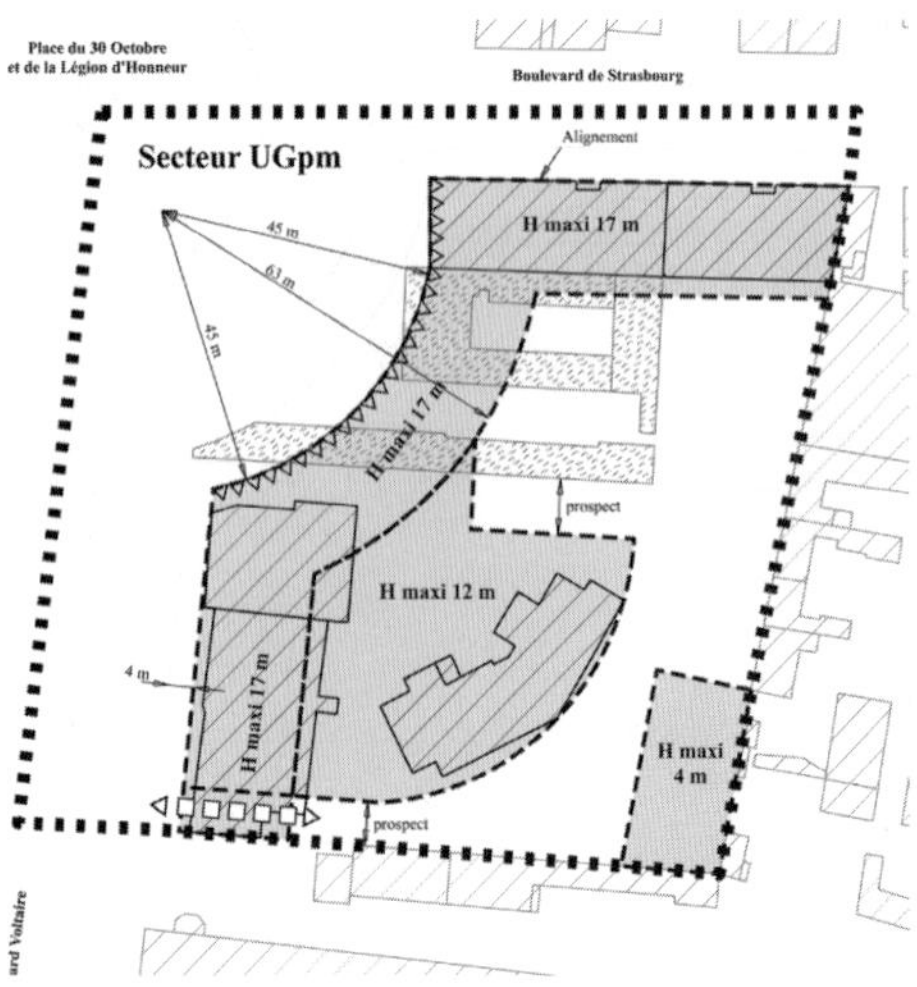

形態誘導計画の図面

形ロータリーが各地で見られる。このような円形ロータリーでは、パリの凱旋門の周囲のように建物のファサードがロータリーに合わせて同心円上に曲面を構成することが求められる。ディジョンでも旧市街地の近くにある円形ロータリーでは、凱旋門の場合と同様、建物のファサードは同心円状の曲面を描くように建てられている。しかしこの形態誘導計画の例では、写真で見るように四角の建物が並んでいるため、同心円となる曲面のファサードを持つ建物に誘導することが規定されている。

形態誘導計画の対象地。

電線や電柱のない街並み

日本でも近年都市景観についての関心が高まり、電線を地下埋設して電柱や電線の見えない街並みにすることが各地で行われるようになった。フランスでは、以前から電線が地中化されており、街を歩いていても日本のように空中に蜘蛛の巣のように電線が張りめぐらされていることはない。このように電線がない街並みがつくられるのは、伝統的に建物が両側の建物に接して建てられてきたため、地下埋設が効率的にできるという理由もある。しかし郊外の一戸建ての住宅地をみても電線は地下埋設され、すっきりとした景観になっている。こうした電線の地下埋設は、フランスではどのような制度により行われるのであろうか。

実は電線の地下埋設は、地域都市計画プランの規定文書のうち第四項「水道、下水道、電気、ガスの配管や雨水の排水方法」により行われる。すなわち景観への配慮というより、法定都市計画におけるインフラ整備の一環として電線の地中化が実施される。この第四項は電線だけでなくガス、上下水道あるいは排水方法など都市におけるインフラ整備を定めた規定であり、すでに述べたように都市化予定区域で建設を行う際には、隣接した地域にあるこれらインフラを容易に利用できることが条件とされた。したがって市街地が建設される際には、インフラ整備の一環として水道管や配水管と同様に電線の地中化も行われ、インフラが整っているだけでなく電柱や電線のない街並みがつくられる。

ディジョン市の都市計画プランでは都市化区域はもとより都市化予定区域についても、第四項において「技術的に正当な理由がない限り、配管や配線は埋設する」と述べられており、電線の地中化を規定している。この結果ディジョン市では、高密度の中心地でも郊外の一戸建て住宅地でも電線は地下埋設され、市内で電柱や電線を見かけることはほとんどない。

これに対し日本では、市街化区域にある農地や空き地はもとより市街化調整区域でも建設は許可される。このように建設が農村的な地域でも行われるため、分散して建てられた住宅に電気を送る際には、コストを考えるなら電柱を立てるほ

電線の地中化はインフラ整備の一環として行われる。

かはない。住宅が増えてくると電線が張り巡らされ、景観の問題が顕在化して電線の地中化が叫ばれるようになる。

このように建物が分散して建てられると、電柱や電線により景観が損なわれるだけでなく、水道や下水道あるいはガスの配管を行うにもコストがかかる。建設できる地域を限定し、これらのインフラ設備をまとめて地下埋設するなら、景観的に望ましいだけでなく、インフラ整備のコストもかからない。電線の地中化は景観の問題として扱われているが、実はより広い意味で低密度の市街地が拡散する問題とも言え、インフラ整備におけるコストとも結びついている。

都市には色がある

エーゲ海の島々を訪れたなら、碧い海に面して建ち並ぶ白い家並みの印象は強く心に残るだろう。このような小さな島に数世紀も変わらぬ姿を留める街や村は例外的としても、パリのような近代的な大都市にもやはり固有の色彩がある。パリではどの建物もベージュの壁面と灰色のマンサール屋根をもち、高い場所から眺めるなら灰色に連なる屋根のところどころから教会の塔が顔を出しているのが見える。遠望するなら、サクレクール寺院の壁面が際だって白いのが目に入るだろう。日本ではパリの名所のひとつに数えられているこの大聖堂がパリ市民の間で最も評判の悪い建造物になっているのは、そのイスラム的な印象を与えるビザンチン様式もさることながら、外観の白い色にあると言われている。白いモニュメントでさえ、このような評価を受けるのだから、原色で塗られた鉄骨が露出しているポンピドーセンターができた際のパリ市民が受けた衝撃がどれほどのものか想像できよう。

パリだけでなくフランス各地に固有の色があることは、手許にある『フランスの色彩』(Les couleurs de la France) という本を見ると理解できる。この本は、一八の地方を対象に、建物の壁面と屋根の色、そしてこれらの建物がつくり出す街並みの色彩を紹介している。筆者もいくつかの地方については実際に訪れ、街の色を実際に目にしてきた。現在調査をしているディジョン市のあるブルゴーニュ地方はもとより、プロヴァンスと呼ばれる南仏についても、調査のためアヴィニヨンの東部にあるペルヌ・レ・フォンテンヌという小さな村を数回訪れたことがある。ここにある小高い丘の上にある塔に登ると、真っ青な空の下にオレンジ色の屋根と白味を帯びた壁面の家屋が連なっているのを見下ろすことができる。このような色彩の街に住むなら、周囲の建物と異なる色の家をつくることはとてもできるものではない。

このように街や村に特有の色彩のあることは、現地の材料で建物がつくられていることに加え、建物が永きにわたり使われ続けてきたことによる。いうまでもなくフランスの建物は石造りである。石は重く、他の地方から運ぶのは大変な労力を要するため、大都市でも小さな街や村でも現地で切り出される石を利用してきた。この結果、その地方で取れる石の色が建物の色となり、ひいてはその街の色となった。屋根についても同様で、現地で生産される瓦が建物の屋根に伝統的に使われてきた。こうしてフランスでは、各地方の石や材料により壁面や屋根がつくられたため建物も地方ごとに固有の色をもつようになり、これが現在まで続いている。

また石造りの建物には耐久性があり、壁面だけなら数百年以上も利用することができる。しかし屋根については日本と同じように木で小屋組をつくり、そこに瓦を載せるため耐用年数はずっと短い。そこでフランスでは、壁面はそのまま利用して、屋根だけを改築あるいは修復して使い続けてきた。この際に屋根について従来と異なる材料を用いることはせず、常に伝統的な瓦を使い続けたため、建物は以前と変わらぬ姿や色をとどめている。以前イギリスの作家のピーター・メイルがプロヴァンスにあった数百年前の農家を買い取り、修復して住んだことを綴った『南仏プロヴァンスの12か月』という本が世界的なベストセラーとなったが、このようなことはフランスでは決して珍しくなく、筆者の知り合いでも二人がこのように伝統的な農家を買い取り、修復して一家で住んでいる。*

*ピーター・メイル『南仏プロヴァンスの12か月』(池央耿訳)河出書房新社、一九九六年

日本では、住宅の耐用年数は平均で二十数年であり、建て替える際に以前と同じ形の住宅にすることはまずありえない。また壁面にせよ、屋根にせよ新たな工業材料が次々開発されるので、様々な材料、色彩の住宅が建てられる。これには、外観についての規制が都市計画法や建築基準法にないことも大きな要因となっている。こうして日本では大都市から農村まで、あらゆる色が氾濫しており、都市に色彩があるということが理解できなくなっている。

ディジョン市のカラーパレット

地域都市計画プランの規定文書の第一一項は建物の外観や周囲に関する規定であり、この規定の一環として色彩が規制される。ディジョン市では、この規定とこれまでの経験にもとづき建物の色彩を評価して、建設許可証を審査していた。これを聞くと非常に曖昧なように思われるが、ディジョン市はもとよりフランス各地の旧市街地には、数百年にわたり存続してきた建物がほぼそのまま残されており、既存の伝統的な建物の壁面や屋根の色を審査基準とすることは当然である。また文化省が各県に配置した県建築・文化遺産局とその代表であるフランス建造物監視官（ABF）が歴史的環境を保全するため、建物の壁面、屋根、開口部、塀などについてのパンフレットを作成してきたことも、建物の色彩の規制に大きく貢献している。

ディジョン市では今回の地域都市計画プランの作成にあたり、これまで経験や慣例にもとづいて行ってきた建物の色彩についての基準を色見本として作成し、「カラーパレット」として示すこととした。このカラーパレットは、市の建築技術局を中心にフランス建造物監視官など建築や都市計画に関係する専門家の協力を得て作成したものである。カラーパレットは立面のみを対象としており、屋根については扱っていない。これは屋根については、伝統的な瓦を用いることが前提とされているためである。

カラーパレットでは、建物の立面について壁面と開口部に分けて表されている。まず壁面については、伝統的な石造りの壁面を考慮して暖色系のベージュ系の色彩として一一種を定めている。これらはどれも同じような色調であり、日本ではほぼ同一の色彩として扱われるのではないかと思う。壁面だけでなく建物の外観にあらゆる色彩を用いることができる日本では、信じられないほど厳しい規制である。

このような壁面について、刳《く》り形《がた》(modénature)の色彩が提示されている。刳り形とは外壁だけでなく室内の壁面においても用いられる、壁面の内側を取り囲むようにして付けられる凹凸のある縁回りのことで、建築の重要な装飾要素である。平らな壁面のままだと単調であるが、刳り形があると壁面は引き締まって見える。建築の図面でも、用紙の内側を枠で囲むと引き締まるように見えるが、同じような効果をもたらすと考えられる。

この刳り形については、寒色系と暖色系の二種の系列が示されている。寒色系は六色で、グレーを基調としており、壁面のベージュ系の色彩と弱いコントラストを表すことになる。一方暖色系については、四色が示されている。これら四色は壁面の色彩と類似しており、これらの刳り形を用いた場合、色彩の差はほとんどなく、凹凸の効果しかないと思われる。

これに対し開口部については、壁面よりもずっと多様な色彩が用意されている。ここで開口部と表現したのは、木でできた建具(menuiserie)のことで、窓枠と鎧戸、出入り口など壁面の中で限定的な面積を占める部分である。開口部については、二七種類もの色彩が示されており、グレー系、グリーン系、ブルー系、赤系、茶色系など、壁面と比べるとずっと多様な色彩が提示されている。広い暖色的な壁面に対して、限定された開口部に多様な色彩を用いることによりファサードにアクセントを付け、単調な景観にならないようにしている。このような建物をとおした街並みの色彩計画は日本にはほとんどみられないもので、参考になろう。

色彩のゾーニング

ディジョン市では、カラーパレットを活用して次頁で示すように色彩のゾーニングを行っている。日本では、ゾーニングというとイコール土地利用のことであると考えられている。しかしフランスでは、パリにおける広告規制のゾーニングのように、景観の規制においてもゾーニングが用いられる。なおカラーパレット以外の色彩も利用することができるが、その場合には正当性を述べる必要がある。これはすぐれた現代建築なら許可されることを意味するもので、常にポンピドーセンターのような価値の高い現代建築を建てる可能性を保証するものである。

ディジョン市ではゾーニングにより七地区が設定される。この七地区のうちの一地区はマルロー法により指定された保全地区であり、保全再生計画にもとづきフランス建造物監視官(ABF)により規制が行われる。なお保全地区は、以前は独立した都市計画の制度であったが、二〇〇〇年の連帯都市再生法による改正の結果、現在では地域都市計画プランの一部となっている。

また都市への進入路(entrées de ville)が、ゾーンというよりも基幹道路沿いに設定され、色彩が規制される。この都市への進入路については、日本と同様に幹線道路の両側にロードサイドショップのような店舗が建てられることが多く、景観が損なわれやすい。ディジョン広域統合基本計画(SCOT)においても、特に景観整備を

保全地区の色彩は保全再生計画により建物の外部も内部も保存される。

各市町村に求めていた。この「都市への進入路」については都市計画法典で述べられているものの用語としての定義はなく、各市町村は周囲の農村部から都市中心部へとアクセスする道路を対象として、地域都市計画プランにより景観や土地利用が混乱しないよう様々な規制を行うことになる。

ディジョン市の都市への進入路では、郊外から中心部へと通じている八つの主要幹線道路が対象となっている。この八本の道路沿いの建物に関しては、カラーパレットにより指定された色彩を用いる。都市の進入路に沿って建てられる建物には、以前から建てられていた建物とともに、近年のモータリゼーションの進展に合わせて建てられた新しい建物もある。このような現代建築も、前節で述べた都

色彩のゾーニングの図面

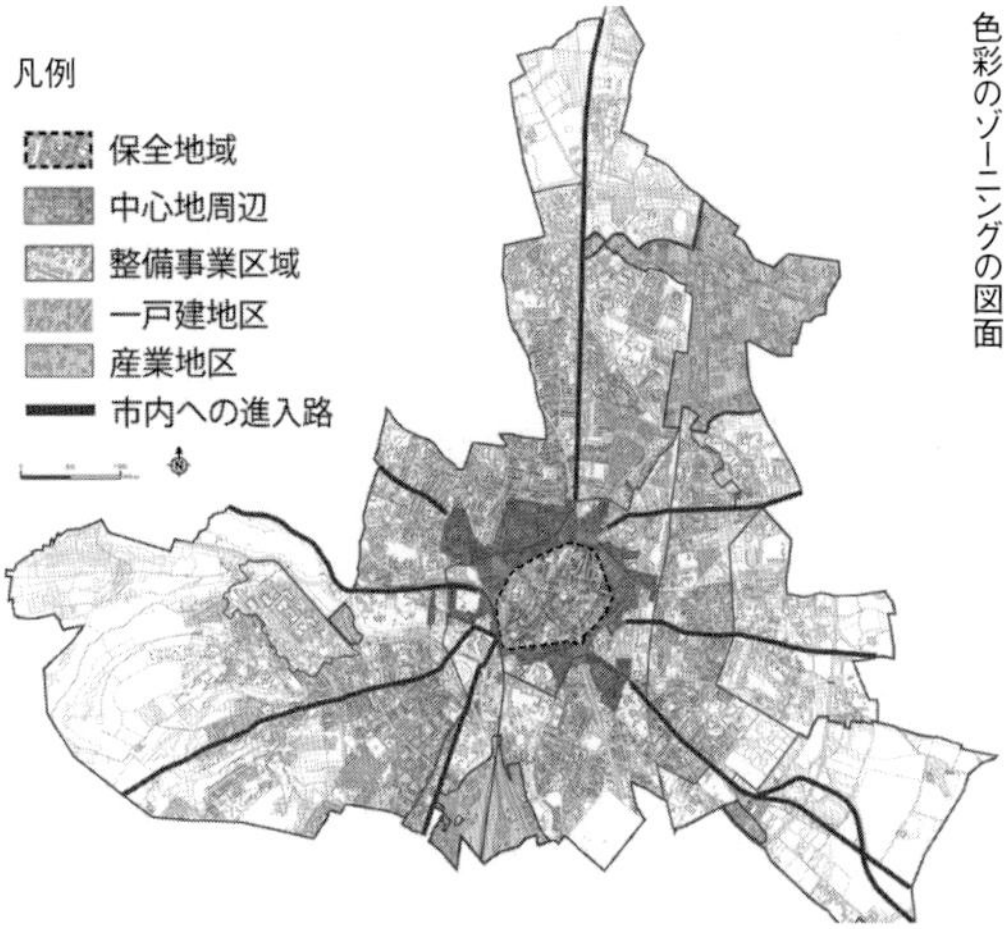

凡例の詳細

保全地区	保全再生計画の規定による。色調の選択では、フランス建造物監視官(ABF)に提出し、県建築局の事前調査を受ける。
中心地周辺	20世紀以前に建てられた共同住宅が多い。伝統的なファサードの色調に合わせる。暖色的な壁面と寒色的な開口部との対比に留意する。
総合整備区域	美的、社会的、環境的な目的を考慮して、斬新で独自の都市景観が現れるよう、市と建築家が協力することにより区域全体を計画する。
典型的戸建て住宅地区	20世紀前半あるいは半ばに形成された典型的な一戸建ての住宅地を対象とする。既存の建物の特徴を保全するよう外観の修復を行う。
産業地区	広い敷地に大きな建物が建てられる。ファサードや屋根については、原色や色彩の強いコントラスト、反射する材料や色彩は用いない。
都市への進入路	都市景観が損なわれやすい場所である。指定された色彩以外を利用する場合には、その正当性を述べなければならない。
それ以外の地区	都市の周辺に近年形成された地区であり、様々な建物がある。規定集第11項の外観の規制を適用する。多色を用いたり反射する材料や色彩を用いない。

市形態計画（PFU）により形態を規制し、さらに色彩もカラーパレットにもとづき規制するなら、都市景観をコントロールすることができる。

以上の二地区を除き、ディジョンの市域は五地区に区分される。ここでは中心地から離れる順に述べることとする。

中心地周辺はフォーブール（faubourg）と呼ばれるが、これは都市壁の外側に形成された街という意味である。ゾーニングを見ても、保全地区の外側に設定されており、保全地区と連続した都市空間となっている。この地区は二〇世紀以前に形成されており、建物も両側の建物に接して連続して建てられ、伝統的な都市空間となっている。ここでの色彩については、当然伝統的なファサードの色調に合わせることになる。すなわちカラーパレットを用いて壁面は暖色的にすることが求められる一方、開口部については暖色的な色彩により調和させるか、あるいは寒色的な色彩によりアクセントを付けるか、選択することができる。

典型的一戸建て地区は二〇世紀前半に建設された地区であり、三か所指定されている。地区全体を対象として、一戸建ての同じ様式の住宅が地元の材料を用いて建てられており、壁面はベージュ、屋根は明るい茶色になっている。ここでは住民がメンテナンスをしながら住宅を使用してきたため、数十年以上にわたり地区全体の景観が維持されてきた。中心部と比べるなら歴史性という点では比較にならないものの、この地区の住民にとっては風景になっている。この一戸建て地区については、歴史的な建物と同様、取り壊しをせずに修復することが求められ、その際に壁面や開口部についてカラーパレットが用いられる。

色彩のゾーニングにおける産業地区は、ほぼ産業用区域(UE区域)と対応している。この区域では工業が中心であり、大きな敷地に工場や倉庫が鉄骨で建てられることが多い。そのため広い面積のファサードや屋根について、原色や色彩の強いコントラスト、あるいは反射するような材料を使うことは禁止される。この産業地区については、カラーパレットよりもフランス建造物監視官が中心となって作成した屋根や壁面についてのパンフレットが利用される。

[上]フォーブールと呼ばれる中心地周辺の色彩規制。
[中]典型的な一戸建て住宅地の色彩規制。
[下]産業用区域の色彩規制。

総合整備区域は、大規模な総合整備事業を行う地区と対応している。ここでは区域全体を対象として整備事業が行われるため、担当のプランナーと市が協力して色彩をコントロールする。この地区では高さ規制もなく、地区全体を計画するプランナーに大きな自由度が与えられているが、色彩についても同様である。

それ以外の地区は、色彩についてのゾーニングの対象外とされる。しかしこれは日本のように、建物の外観にどのような色も使えることを意味するものではない。従来通り、規定文書の第一一項の外観の規定にもとづき建設許可証が市により審査され、色彩が規制されることになる。具体的には、壁面について複数の色彩を用いて塗り分けたり、反射する材料を用いることは禁止される。

日本の景観規制にみる持続可能性

用途地域と日本の都市景観

メニュー方式と呼ばれる日本の都市計画法では、都市の整備に関して様々な制度が用意されている。その中でも土地利用や建物の規制の中心となるのが用途地域であることについては、異論がないであろう。用途地域については一二地域が設定され、それぞれ建蔽率と容積率が決められ、土地利用についての量的規制が行われる。しかし景観についてみると、高さについて第一種、第二種低層住居専用地域の二地域が用意されているだけである。高さについてはそれでも二地域用意されているが、外観や色彩についてはまったく規制がない。

足利市を対象に用途地域のもたらす都市景観を考えてみると、足利市では一二の用途地域のうち九地域が用いられているが、高さ規制が行われる

足利市の用途地域の規制

用途地域名		建蔽率	容積率	高さ規制
1	第1種低層住居専用地域	30%	50%	10m
		40%	60%	10m
		50%	80%	10m
2	第2種低層住居専用地域	利用せず		
3	第1種中高層住居専用地域	60%	200%	—
4	第2種中高層住居専用地域	利用せず		
5	第1種住居地域	60%	200%	—
6	第2種住居地域	60%	200%	—
7	準住居地域	利用せず		
8	近隣商業地域	80%	200%	—
9	商業地域	80%	400%	—
10	準工業地域	60%	200%	—
11	工業地域	60%	200%	—
12	工業専用地域	60%	200%	—

のは第一種低層住居専用地域だけで、高さは一〇メートルとなっている。当然高さは規制されるが外観の規制はないため、切り妻の一戸建て住宅と陸屋根のアパートが混在することになる。これではとても調和の取れた都市景観とは言えず、ゲシュタルト心理学の教える通り高さなど一要素を整えたところで全体の景観がよくなるわけではない。あらためて景観とは総合的な要素により成立するものであることがわかる。

それ以外の八地域については、高さの規制さえない。第一種中高層住居専用地域が利用されているものの、「中高層」という名称とは裏腹に高さ規制はなく、建蔽率六〇パーセント、容積率二〇〇パーセントという規制だけである。このため敷地の規模により建物のヴォリュームは大きく異なり、小さな敷地に二階建ての木造住宅が建つ一方、隣の広い敷地に大きな鉄筋コンクリートのマンションが建つという、高さはもとより大きさのまったく異なる建物が、農地が残る地域に混在する極めて乱雑な地域になっている。

［右］第一種低層住居専用地域。高さ規制はあるが建物の形態についての規制はない。
［左］第一種中高層住居専用地域。中高層という名称にもかかわらず、高さは規制されない。

都市の景観か、農村の景観か

足利市をはじめ日本の地方都市では、市街化区域に農地が多く残されており、このため用途地域の広さもここに含まれる農地の面積に左右される。足利市の用途地域では、第一種住居地域に農地が多く残されているため、他の用途地域よりも突出して広くなっている。都市計画図で第一種住居地域をみると、農地の中に建物が点在するような地域もあり、鉄筋のマンションや戸建て住宅が農地の中にところどころ建てられるような景観も見られる。これを果たして、都市景観と呼べるだろうか。

農地の残された用途地域では今後も建設が続き、一定以上の建物が建てられたときはじめて都市と呼べるようになるのかもしれない。いわば日本の市街化区域は都市化の途上にある地域である。しかもフランスの都市化予定区域と異なり、いつ、どこで、誰が建設をするのかがまったく不明であり、いつ市街地と呼べるような建物が建ち並ぶ都市空間になるのかわからない。

一方、「市街化を抑制する」と法律上定められた市街化調整区域でも、建設は一定の条件のもと許可される。その際の条件は、建蔽率六〇パーセント、容積率二〇〇パーセントとなっており、第一種住居地域、第二種住居地域、準工業地域などと同じであるうえ、建物の用途も第二種住居地域に準ずるとされる。敷地については、さすがに三〇〇平方メートル以上で五〇〇平方メートル以内とするが、これは農村部に最低敷地面積を定めた第二種住居地域を指定したのと変わらず、低密度のスプロールを許可するのと同じことである。この結果、調整区域でもアクセスのよい土地では建設が進行し、人口集中地区まで形成されている。

第一種住居地域には多くの農地が残されており、様々な大きさの建物が建てられる。

このように市街化区域でも市街化調整区域でも農地が残され、住宅を建てることができるため、中心部から離れた場所では、見ただけではそこが市街化区域か調整区域かはすぐにわからない。都市の景観もなければ、農村としての景観もない。ということは都市部か農村部か不明なわけで、確かなことは、変わらぬ姿を留めるような農村の風景が失われたこと、すなわち市街化区域でも市街化調整区域でも持続可能性が損なわれていることである。

色彩と都市への進入路の景観

日本の都市計画の制度で、色彩を規制する手法がないわけではない。伝統的建造物群保存地区や景観地区の制度を用いるなら、色彩の規制はできる。しかし前者は一群の歴史的な建物が保存されているような特別な地域にしか適用できない。となると一般的な都市では、後者の景観地区を用いることになる。しかしこの制度は導入されて間もないうえ、対象区域も市域の一部でしかない。つまり日本では都市や農村を問わず、ほとんどすべての地域で色彩の規制はまったく行われていない。日本の街にあらゆる色彩の建物、さらには広告や看板が溢れているのは、このように色彩の規制がないことによる。

　このような色彩の混乱が最も感じられるのは、フランス同様、農村部から中心地へと向かう幹線道路沿いである。足利市でも郊外から中心部へとアクセスする道路ではあらゆる色彩が溢れ、乱雑としか形容できない姿を晒している。この一帯では広い駐車場を備えた大型の店舗が建ち並び、クルマから見えるよう外観の形態や色彩を目立つようにするだけでなく、巨大で派手な色彩の看板を空高く掲げている。

中心市街地へアクセスする道路では、様々な色彩が氾濫している。

　これは足利市だけでなく、日本全国で見られる光景である。京都や奈良も例外でなく、ここに向かう道路沿いにも建物や広告の色彩について規制はなく、この先に世界遺産に登録された都市があるのか疑問を抱くような景観が続いている。

　アレックス・カーの指摘するように、これではいくら優れた神社仏閣が保存されていようと、訪れた人の印象も損なわれるのではないかと思う。* 足利市でも足利学校を世界遺産にする運動をしているが、建物の価値を訴えるだけでなく、周囲の景観はもとより、市にアプローチをする基幹道路に沿った景観、特に色彩の規制を検討することも重要である。

*アレックス・カー『犬と鬼 知られざる日本の肖像』講談社、二〇〇二年

あとがき

都市計画に関する書籍をみると、まちづくりに関する本が実にたくさん出版されている。ところが驚くことに、法定都市計画に関する本を見かけることは稀である。何故だろうか。

法定都市計画は都市計画法を中心とする制度にもとづき行政が行う計画であり、各自治体が所定の手続きで実施する。これに対してまちづくりについては様々な考え方があるが、住民がみずから街の整備や計画に参加する、という点では共通しているようである。行政が行う都市計画に対する住民の意義申し立てとまではいかないものの、行政に都市計画を一任するなら、そもそもまちづくりなど必要ないと言えよう。したがって全国でまちづくりの運動が行われ、まちづくりについて多くの本が出版されているのは、行政の進める都市計画について住民が自分達の意見や要望を伝えたい、あるいは何らかの形で参画したいという意向をもっているためである。

このように法定都市計画に住民が向き合うまちづくりという対応に対し、もうひとつ批判的な対応が考えられよう。それは、我が国の都市計画のあり方を他の国と比較することである。法学の分野では比較法学として、他の国の都市計画制度と我が国の制度を対照させることが行われている。これを転用して考えるなら、他の国の都市計画制度の運用により実際に行われる整備や計画を我が国と比較検討することにより、日本の法定都市計画における問題点を浮かび上がらせることもできよう。

筆者は、東京工業大学建築学科で青木志郎先生の研究室の門を叩き、以降、都市計画分野のなかでも、フランスの景観と歴史的環境という「細分類」に位置する領域をメインテーマに、四〇年来研究を続けてきた。ところが本書は法定都市計画そのものを対象とし、日本とフランスを比較するというずいぶんと大風呂敷を広げたわけだが、「木を見て森を見ず」という諺もあるとおり、狭い範囲を詳細に研究することも必要なら、大きなテーマを俯瞰することも重要ではないかと思う。本書の出発点は、アレックス・カーにより視覚公害とまで言われた日本の都市景観を再考する手がかりとして、フランスの制度を参考にできないかということであった。日本の都市計画制度はメニュー方式と言われるように様々な制度があり、たとえば伝統的建造物群保存地区（伝建地区）の制度を用いるなら、かなり整った街並みを形成することができる。しかしその周辺を含め、それ以外の都市景観は惨状としか言えないような光景となっている。埼玉の川越など伝建地区から一歩はずれると、建物の高さはもとより外観や色彩の統一が全くない都市景観が広がっており、伝建地区との落差に驚かされる。これに対しフランスでは、ほとんどの都市の中心市街地には絵はがきになりそうな景観が保存されている。パリのマレ地区には、世界の歴史的環境の先駆けとなった保全地区が設定されているが、マレ地区の付近を歩いてみても、どこが保全地区で、どこが一般の街かわからない。これはマレ地区の周囲の街並みが、一般の都市計画の制度でも保全地区と変わらないほど整えられているためである。このようなことを考えた結果、日本でも特定の制度を利用しなくても、一般の都市計画の制度によりすぐれた景観をつくり出す手法はないか関心を持ったわけである。

このような考えを変えるきっかけとなったのは、ディジョン市がトラムを建設すると聞いたときである。筆者の住む足利市は、ディジョン市とほぼ同程度の都市であるが公共交通として満足なバスさえない。同じような規模の都市でも、トラムやバスなどの公共交通により移動できる国がある一方、クルマを利用しないと生活できない国もある。このような違いがどうして生じるかといえば、それは都市計画の差である。特に日本では超高齢化社会を迎え、移動が困難な高齢者が増加することは避けられない。高齢化社会というと、すぐに介護や年金を思い浮かべるようであるが、クルマの利用ができないお年寄りにとっては移動手段がないことは生活するうえで大きな問題である。そこで公共交通を利用できる都市計画とは何かを考えた結果、必然的に都市の形態、そしてその形態をつくる法定都市計画の制度とその運用へと行き着くこととなった。

さらにトラムを建設する大きな理由が地球環境を保全するためであると知り、非常に驚いた。地球環境の問題に都市計画が貢献できる―そこで地球環境の保存を切り口に、日仏の法定都市計画の差を考えることにした訳である。

本書については、連帯都市再生法が制定された二〇〇〇年以降から意識し、ディジョンでトラムの話を聞いた七、八年前から構想が具体化した。それが刊行まで、このように時間がかかった理由はふたつある。

ひとつは、この間フランスの制度が大きく変化したことである。何しろ一九六七年以来の都市計画制度の大改正が行われたため、定着まで当然時間もかかる。特に、都市計画により社会的な役割を求める左派と自由な傾向を容認しようとする右派の間で、制度上の揺れ動きがあったため、どの自治体も文書の作成に取りかかるまで時間を要することになった。さらに都市計画の制度として定着した後も、今度は環境に関する制度が次々に導入され、都市計画制度もそのたびに修正を迫られることになった。この環境に関しては、右派も左派も関心が高く、アメリカのように右派が「経済が犠牲にされる」というような口実で反対をしないというのは注目される。環境についての制度は環境グルネル法の成立で一段落し、この結果ようやくディジョン市の都市計画に関する文書も次々と完成を迎えることになる。

もうひとつは筆者の側にあり、フランスの法定都市計画の制度を日本の制度の延長で考えたことである。日本なら市町村の都市計画の文書というと、都市計画図と風致地区や地区計画に関する文書、それと都市計画区域マスタープランと市町村マスタープランくらいであり、合計してもたかだか百数十頁にすぎない。ところが、フランスで作成される都市計画文書は厖大であり、圧倒されたというのが実感である。広域統合基本計画、地域都市計画プラン、地域交通計画などそれぞれ五〇〇頁近くある文書であり、デジタル化された文書をプリントするとA4で五〇〇枚のコピー用紙があっというまになくなるのには驚いた。これらを読みこなし、現地調査を行うのだから当然時間もかかることになる。

またこのような文書の分量の多さとともに、環境の分野について理解が難しかったことも時間を要した理由である。筆者も都市計画や建築についての知識はあるものの地球環境については素人同然であり、このため建物の省エネルギーやパッシブ化、あるいは雨水の再利用や処理方法など、同僚の斎藤宏昭准教授をはじめ専門の方々に訊ねるほかはなかった。また関連する著作についても際限がないほどあり、基本的と思われる著作に目を通したがとても十分理解しているとは言い難い。それゆえ今後環境問題に関わる専門家の協力を仰ぎ、都市計画における環境問題への取り組みを明らかにしていきたいと思う。

ここで筆者なりに、地球環境についての考えを述べてみたい。地球環境や生物の多様性といった問題の背後にあるのは共生という考え方であり、これは西欧世界の伝統的な思想にはない見方である。そこで日本と西欧における共生についての考え方の差について述べてみたい。

西欧の思想の源流にあるのは、古代ギリシアに発するヘレニズムとキリスト教思想に結実するヘブライズムであることに異論はないであろう。これは思想などを持ち出す以前に、人の名前を見れば、いかにこれらのふたつの基本的な世界観が日常生活に根付いているか分かると思う。アレキサンダーはいうまでもなく王の名前であるし、エレンはトロイ戦争を引き起こすことになる女性の名前である。またマリアやマイケルなどは、聖書にでてくる聖母や大天使に由来する。

これらヘレニズムやヘブライズムに共通しているのは、人間は世界のなかで特別な存在であるという認識である。たとえばカオスという言葉は混沌と訳されて

右からローラン・シャバントンさん、フレデリック・セスさん、それと筆者

いるが、もともとギリシア語では無を表していた。何もない状態は混沌であり、これにロゴスと呼ばれる言葉や論理で秩序を与えるのが人間である、というのがギリシア思想の根本にある。一方のヘブライズムをみても、聖書ではゴッドと呼ばれる唯一神が自らの姿に似せて人間を創り、他の生物を支配し、利用することを認めている。これらに共通するのは、人間は決して他の生物とは同類ではないという揺るぎない信念であり、それゆえダーウィンが進化論を提唱したときは、西欧世界に大きな衝撃を与えることになった。

　筆者は研究者としてはかなり変わり種で、浄土宗の住職も勤めている。浄土宗では共生を「ともいき」と読み、人が他の人と共に生きていくことを表している。これはまた、人が天地自然の恵みの中で生きている、言い換えるならこれらにより生かされていることと解釈することもできる。このような考え方は日本人には馴染みのあるもので、さらには一木一草にも仏性があるという、人と自然に存在するものを同列に扱う思想にも繋がってくる。これはインド発祥の仏教の日本的解釈であり、日本人の心性にある自然の中に八百万の神々が存在するという考え方と仏教とが混淆してできた世界観である。

　このように古くから、日本では人間と自然とが結びついて考えられてきたにもかかわらず、戦後の高度経済成長以降は、経済の発展のみに目が向けられ、自然や環境など関心の対象外にされてきた。その一方で、人間は特別な存在であると考えられてきた欧米で近年、地球環境の重要性、あるいは人間も多くの生物のひとつであり他の生物や環境との共生なくしては存在できないという考えが主流になってきた。フランスをはじめEUにおける、地球環境の一環としての都市のあり方をめぐる議論は、このような自然や環境に対するパラダイムの転換が都市計画にまで及んできたと理解することができよう。

日本では、音楽やファッションから思想まで、欧米で流行したものを受け入れる傾向がある。都市計画における地球環境を保全する制度も、ぜひ受け入れてほしいと思う。それとともに伝統的に日本人の心性に流れてきた、人間と自然を一体とみなす世界観もぜひ見直してほしいものである。

インタヴュー中の筆者とヴェロニク・ヴァシェさん

本書を上梓するにあたり、これまで同様ディジョン都市圏共同体の方々に協力していただいた。ローラン・シャバントンさんとは一九八五年、日本とフランスの環境省が開催した日仏アメニティ会議の際に白川郷で会ったときからの縁で、実に三〇年近くもお世話になっている。シャバントンさんに会わなかったらフランスの研究も無かったわけであり、これを思うとつくづく仏縁の深さを感じないわけにはいかない。ヴェロニク・ヴァシェさんには屋外広告物の規制についての研究をする際にお世話になったが、今回も広域圏から地区の整備まで広範な都市計画の問題について丁寧に説明していただいた。またフレデリック・セスさんには建物の断熱や省エネなど、筆者の専門外である環境の分野について教えていただいた。多忙な公務の中、協力していただいたこれらディジョン都市圏共同体の方々に改めて感謝する次第である。

また鹿島出版会の久保田昭子さんには今回も大変お世話になった。久保田さんとは最初の単著である『フランスの景観を読む』を出版したときからの縁であるが、本は著者だけでなく編集者の協力があってこそ出版できるということを今回ほど感じたことはない。

最後になったが、フランス調査の間、いつも家とともに寺の留守をしてくれた妻裕美に感謝したいと思う。ただ残念なのは、本書を届けようと思っていた父和田良信が七月初め、世寿九三歳にて浄土へと旅だったことである。前日まで自宅にいて、日課となった散歩をして、風呂で大好きな寮歌を歌っていただけに信じられない気がする。昨年、本書を書き上げるため最後のフランス調査に行くのを、見守ってくれたのではないかと思う。本書を父の墓前に謹んで捧げたい。

二〇一四年　七月のお盆を前に

和田幸信

著者
和田幸信《わだ・ゆきのぶ》
一九五二年、栃木県足利市生まれ。七六年、東京工業大学建築学科卒業、八二年同校博士課程修了。九一～九二年にかけてパリ第八大学フランス都市計画研究所にて住宅の改良と再利用を研究する。二〇〇三年、「フランスにおける歴史的環境と景観の保全に関する一連の研究」により日本建築学会賞（論文）を受賞。二〇一一年、『美観都市パリ――18の景観を読み解く』（鹿島出版会、二〇一〇）で不動産協会賞を受賞。専門は都市景観、とくにフランスの景観整備に関する制度と実際の運用。なお浄土宗法玄寺の住職も務める。
著書に『フランスの住まいと集落』（共著、丸善、一九九一）、『都市の風景計画』（共著、学芸出版社、二〇〇〇）、『欧米のまちづくり・都市計画制度』（共著、ぎょうせい、二〇〇四）、『フランスの景観を読む――保存と規制の現代都市計画』（鹿島出版会、二〇〇七）。
連絡先　wadasemi@ashitech.ac.jp

フランスの環境《かんきょう》都市《とし》を読《よ》む
地球環境《ちきゅうかんきょう》を都市計画《としけいかく》から考《かんが》える

二〇一四年　九月一〇日　第一刷発行

著者　和田幸信《わだゆきのぶ》
発行者　坪内文生
発行所　鹿島出版会
一〇四－〇〇二八　東京都中央区八重洲二－五－一四
電話　〇三（六二〇二）五二〇〇
振替　〇〇一六〇－二－一八〇八八三

デザイン　高木達樹（しまうまデザイン）
印刷・製本　壮光舎印刷

ISBN978-4-306-07307-4　C3052　Printed in Japan

本書に関するご意見・ご感想は左記までお寄せください。
URL　http://www.kajima-publishing.co.jp
E-mail　info@kajima-publishing.co.jp